睡眠の起源

金谷啓之

講談社現代新書

2760

「醒めているものはすべて眠りうることが必然である。
というのは絶え間なく活動することは不可能だからである」
——アリストテレス『睡眠と覚醒について』

はじめに——生物はなぜ眠るのか？

「また寝坊した……」

焦って、スマートフォンを手に取ると、午前九時を回っている。日よけのカーテンの隙間からは光が差し込み、寝室はいつしか明るくなっていた。私は、早起きを心がけているが、ついつい起きる時間が遅くなってしまう。

でも、今日に限って寝坊してしまうのも、無理はなかった。昨日は日付が変わるくらいまで実験をして、帰宅して寝床についたのは深夜二時頃だったのだ。それから七時間ほど経った午前九時頃に目が覚めるというのは、当たり前かもしれない。大学で研究をしていると、始業時間や終業時間が定められていないからまったく自由な生活ができるのだが、午前一〇時くらいまでには、大学に行くように心がけている。でも、ときどき早起きをして、朝七時くらいに家を出ると、なんだかすごく得をした気分になる。

私が研究を行っている東京大学の本郷地区キャンパスには、たくさんの木々が植えられている。朝早くに大学に着いて構内を歩くと、木に止まった小鳥たちがさえずり、会話をしているのが聞こえる。皆、朝から元気だ。どうして小鳥たちは、朝早くからこんなに活発なのだろう。小鳥たちも寝坊をすることはあるのだろうか。

私たちヒトは、ついつい夜更かしをする。夜遅くまで起きていると、朝起きられなくなる。しかし、それはなぜなのだろう。

そもそも、なぜ私たちは毎日眠るのか？

一日八時間眠るとすると、人生の三分の一ほどを眠って過ごしていることになる。人生が九〇年だとすると、約三〇年を眠って過ごしているのだ。はたして、そこまでたくさん眠る必要があるだろうか。「睡眠は無駄な時間である。睡眠時間を減らせば、人類の能力は増大するだろう」――発明の天才、トーマス・エジソンはかつてそんな言葉を残した。皮肉なことに、エジソンが発明した白熱電球は、夜の部屋を明るく照らし、人類の夜更かしを助長した。

睡眠という状態は、何のためにあるのか？　じつは、私たちは古くから、ずっと考えを巡らせてきた。眠りの意味を宗教や迷信に求め、その解釈は芸術に投影された。今、その答えを科学で明らかにすることはできないだろうか？

睡眠をとる動物は、なにもヒトだけでない。イヌやネコなどの動物たちも眠る。睡眠は一種の生理現象だ。だとしたら、睡眠は生物学の俎上《そじょう》に乗るはずである。生物学を研究する私は、独自の観点から、睡眠の謎に答えようとしてきた。

私は一九歳だった大学二年生のとき、ヒドラという不思議な生き物を観察していた。水の中で生活するクラゲやイソギンチャクの仲間で、〇・五〜一センチメートルほどの小さな生き物だ。ヒドラには、脳がない。脳をもたず、たった二つの細胞の層からできた体。水の中でゆらゆらと揺れ動く姿は、思考や感情を伴わず、流れに身を任せて生きているようだった。でも、そんなヒドラにも、自ら体を動かして餌を採り、ときに動きを止めて休む状態がある。それは、まるで眠っているかのようだった。

それから私は、その眠っているかのような状態について研究した。まず、睡眠とはどういう現象かを徹底的に考えてみた。そして、睡眠の基本的な要素が、脳をもたな

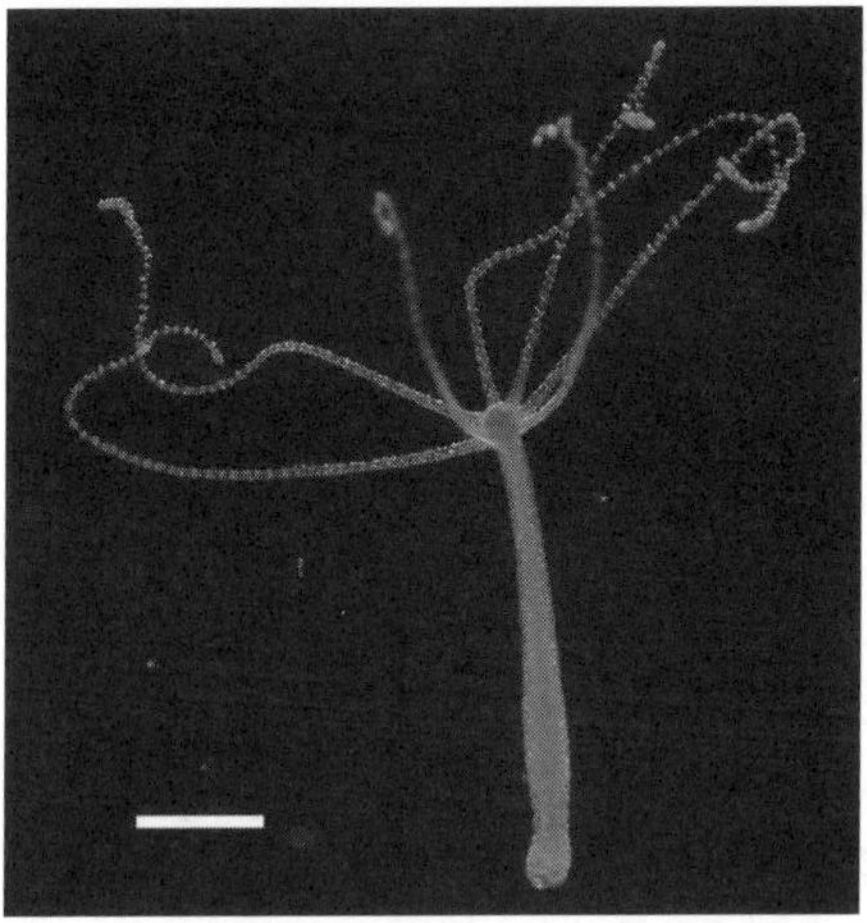

ヒドラ　図中の白線の長さが１ミリメートル

いヒドラにも存在することを実証していき、その睡眠をコントロールする遺伝子が、ヒドラと他の動物で共通していることを発見した。成果は、研究をはじめてから三年半ほど経った二〇二〇年に、論文として発表される。「脳がなくても眠る」という事実は、睡眠科学の常識を覆し、「ヒドラにも、他の動物と共通する睡眠メカニズムが存在する」という発見は、世界中で大きな反響を呼んだ。

ヒトは眠る。ヒドラも眠る。睡眠とは、いったい何なのだろう。はたして、眠りの起源はどこまで遡《さかのぼ》るのだろう。睡眠という現象の最小の構成要素を明らかにしたい——そんな独自の視点にもとづいた研究に、日夜取り組んでいる。

眠りの起源やしくみが明らかになって、私たちは何を知ることになるのだろう。

私たち人類には、古来より興味をもちながら、でもずっと答えを後回しにしてきた問いがある。私たちの「意識」とは何か、ということだ。私たちには、自我と主観性があり、思考して意思をもつ。意識があるからこそ、意識が宿っていることに気がつく。ただ、私たちの体から、どのようにして意識が生じるのか、未だよく分かっていない。

睡眠とは、「意識状態の変容」である。起きている間に存在する意識が、眠っている間に減退するのだ。なぜ、私たちは意識をもち、毎晩わざわざ消失させるのか。意識が宿っているのは、ヒトだけだろうか？　どれほどの生物が眠り、どれほどの生物に意識が宿るのか。睡眠の研究を皮切りにして、生物学は、そんな人類未踏の謎に接近している。

普段研究を行っている研究棟の近くには、三四郎池と呼ばれる池がある。夏目漱石の小説『三四郎』の舞台になった場所だ。研究で考え込んで頭を整理したいとき、私はよく池のほとりを歩く。茂みの中にある池には鯉《こい》が泳ぎ、アメンボが水の輪をつくっている。水面から突き出た岩の上では、亀が甲羅《こうら》を干している。

池のほとりに整備された小道を歩いていると、一匹のチョウが目の前を横切った。茂みの中から飛んできて、大きな羽をひらひらと羽ばたかせながら、池の方向へ飛び去っていく。アゲハチョウだ。

「こんな東京のど真ん中にも、アゲハチョウがいるんだ……」

ある記憶が蘇《よみがえ》ってきた。

睡眠や意識の謎――そんな壮大な問いに挑んでいる私の研究も、よく考えれば一匹のアゲハチョウがきっかけだった。あれは、小学三年生の夏休みのこと。庭先のミカンの木にいたクロアゲハの幼虫を見つけたことから、すべてがはじまったのだ――。

目次

第一章　クロアゲハは夜どこにいるのか

一匹の青虫

私は、山口県の自然豊かな山村で生まれ育った。周囲を山々に囲まれ、見渡すかぎり緑が広がっている。川の水は透き通っていて、魚たちが泳いでいる様子がよく見える。少し開けた土地には、川から水を引いた田んぼが広がり、その脇には家々がひっそりと佇んでいる。そこでは、鮮やかに命を全うする生き物たちが主役であり、人間は生き物たちの営みに彩りを添える脇役に過ぎない。

私が小学三年生だった、八月はじめのある日のことだ。太陽が山肌から顔を覗かせ、蟬《せみ》たちが鳴き始めた頃、庭の手入れをしていた祖父が、ミカンの木に大きな青虫がいると教えてくれた。子どもの人差し指くらいの大きさはあろうかという、大きな青虫だ。私はその立派な姿に驚いて、心が高鳴った。大人の背丈ほどの高さがあるミカンの木の葉っぱは、虫に食われて芯だけが残されている。この青虫に食い尽くされてしまったのだろうか。

この青虫は、いったい何なのだろう？　青虫の正体を知りたくなって、昆虫図鑑を持ってきて調べることにした。生き物が大好きだった私は、何かを見つけると、すぐに図鑑で調べたくなる。図鑑をめくっていくと、あるページで手が止まった。目の前にいる青虫とそっくりな写真が載っていたのだ。その写真のそばには、黒い羽に赤と白の模様の入ったチョウの写真が載っていて、クロアゲハと書かれていた。大きなアゲハチョウだ。

私は驚いた。このずんぐりとした青虫が、優雅《ゆうが》に空を飛ぶアゲハチョウになるのだろうか？　にわかには信じがたい。本当にそうなのかを確かめたくなって、青虫がいた枝を、そのまま根本の部分から切り取ってプラスチック製の虫かごに入れ、玄関の下駄箱のそばで飼ってみることにした。青虫はびっくりするほどたくさんの葉っぱを食べ、二〜三日に一回は新しい枝を切ってこなければならなかった。青虫はさらに大きくなり、ある日突然、全身を薄い皮に包まれた蛹《さなぎ》になった。

蛹は、まるで枝と一体化したかのように、ぴくりとも動かない。いったいいつになったらこの蛹がかえるのだろう？　本当にあの黒い羽をもつクロアゲハが出てくるのだろうか？　気になって仕方がなかった。数日経っても、蛹の様子は一向に変わらない。「たくさん見すぎて、弱ってしまったのではないだろうか」と心配した。

さらに数日経つと、蛹が少し黒ずんできた。やはり死んでしまったのか……。心が塞がったような気がする。だが、蛹の内側が黒くなっているということは、もしかするとあの黒い羽のクロアゲハが、中にいるのかもしれない。そう期待を膨らませた。

蛹になって一〇日目の早朝、私は母に起こされた。今までぴくりとも動かなかった蛹が、左右に揺れているというのだ。パジャマを着たまま急いで玄関に行って見てみると、蛹は

自宅の玄関で羽化した後、木に止まって羽を乾かすクロアゲハ
（筆者撮影）

それまでと同じ枝にくっついている。よく見てみると、蛹の皮が残っているだけで、もぬけの殻だ。虫かごの蓋に目をやり、驚いた。そこには、黒いチョウが止まっているのだ。ほっそりとした胴体に、華奢な脚と触角、そして大きな黒い羽をもっていた。それは、立派なクロアゲハだった。

羽は最初、濡れてしわくちゃだったが、それが乾いて粉っぽくなってくると、真っ黒に見えていた羽に赤と白の模様があることに気がついた。図鑑に載っていた写真の通りの姿だ。庭に出て、クロアゲハを手の甲に載せると、ゆっくりと羽を上下に動かし始めた。しばらくすると、もう飛び方を知っているかのように、大きな羽を羽ばたかせながら、強い日差しの夏の空へ飛び立っていった。

クロアゲハの一日

最初に幼虫を見つけて以来、羽化して成虫になるまでの様子を、毎日ノートに記録していた。幼虫や蛹の様子についてメモを取り、自宅にあったデジタルカメラで撮った写真を貼り付けていたのだ。夏休みが終わるまでには数匹の幼虫を見つけ、同じように採集・飼育し、記録をつけた。

ある日、同じミカンの木で、まるで鳥の糞のようにも見える、白の模様が入った黒い幼虫を見つけて育ててみると、見慣れた緑色の幼虫に姿を変えることに気がついた。クロアゲハの幼虫は成長段階によって姿を変える。一〜四齢幼虫までは鳥の糞に擬態《ぎたい》した黒と白の模様で、最終の五齢幼虫になると、葉に擬態した緑色の姿になる。ミカンの木には、クロアゲハの幼虫だけでなく、ナミアゲハの幼虫もいた。さらに、軒先の花壇で育てていたパセリには、キアゲハの幼虫もいた。庭は、アゲハチョウたちの楽園だったのだ。

夏休みの終わりに、これまでの観察の記録を整理し、「庭にやってくる蝶に関する研究」と題して、九月の始業式に自由研究として提出した。学内で選抜され、地域のコンテストに出展されると、詳細な観察記録を評価してもらって入賞することになった。

それからというもの、私はアゲハチョウの研究に没頭した。翌年の夏には、アゲハチョウの卵を見つけようと、ミカンの木の葉を一枚一枚、必死に探し、なんとか薄黄色で半透明の卵を見つけ、また枝ごと切り取って飼育した。数日経つと孵化《ふか》して、とても小さな幼虫が出てきた。一齢幼虫である。それがだんだん成長していき、青虫から蛹へと姿、形を変え、立派な成虫として旅立っていった。翌年の夏休みには、どんな自由研究をしようか。一年中アゲハチョウのことを考えていたものである。

庭先では、空を飛んでいるアゲハチョウをよく見かけた。その優雅な姿を見ては、「もしかすると、自宅の玄関で育てたアゲハチョウかもしれない」と考え、嬉しくなった。飛んでくるアゲハチョウを見ていると、不思議なことに気がついた。いつも同じ方向から飛んできて、同じ方向に飛び去っていく。まるで彼らのルーティンのようだ。

アゲハチョウたちには、空を飛ぶのに好みのルートがあるそうだ。そうしたルートは蝶《ちょう》道《どう》と呼ばれ、卵を産みつける木や、餌の場所などによって決まっているらしい。どうやら自宅の庭も、蝶道の一部のようだった。私は、蝶道がどのようにして決まるのかを解き明かそうとした。両親や祖父母に頼み、ホームセンターでミカンの苗木を購入して鉢植えにし、少しずつ場所を変えて、検証を重ねたのだ。この壮大な実験は小学生の間に完結するはずもなく、中学生になっても続けることになった。

毎年のように地域のコンテストで入賞していたからか、「あいつは次にどんな研究を提出してくるのか」と、学校中で評判になっていた。中学生のときに提出した自由研究の資料は数十ページに及び、補助資料や動画データも含めると、段ボール一式を提出するような、大掛かりな自由研究だったのだ。幼稚園の卒園文集に、将来の夢は研究者だと記していた私の思いは、小学校・中学校と進学するにつれて、より確固たるものになっていった。

そんな私は、蝶道のしくみを研究していて、あることに気がついた。アゲハチョウが飛んでいるのを見かけるのは午前中が多く、昼下がりになるとあまり見かけなくなるのだ。夕方になると再び見かけるようになるが、日が沈んで暗くなった後に見かけたことはない。日が昇る前、朝五時くらいに庭に出てみたこともあるが、やはり見かけない。彼らが活動する時間は、概ね決まっている。彼らは、日が昇るとどこからともなく飛んできて、夜になるといなくなる。

小学生のときだっただろうか。ある日、家族で外出をして午後八時ごろに家に帰ってきたとき、クロアゲハが玄関の外灯のそばに止まっているのを見かけた。夜にクロアゲハを見かけたのは初めてだったから、嬉しくなって、虫網を持ってきて捕まえようとした。

しかし、少し違和感があった。昼間に見かけるクロアゲハの様子とは違っていたのだ。外灯のそばでじーっとしている。周りには、たくさんのガが集まってきていた。さらによく見てみると、いつも見かけるクロアゲハよりも体が小さい。なんだか気味が悪くなって、捕まえるのをやめた。

　気になって調べてみると、クロアゲハにそっくりな見かけのアゲハモドキというガの仲間がいるらしい。見た目こそよく似ているのだが、体が一回り小さい。ふつう、チョウの仲間は昼に飛び回ることが多く、ガの仲間は夜に活動することが多い。アゲハモドキは昼に活動することもあるが、夜になると外灯の光などに集まってくる習性がある。成虫の見た目はそっくりだが、アゲハモドキの幼虫は白い毛虫のような姿で、あの鮮やかな緑色をした青虫とは似ても似つかない。

　玄関の外灯で夜に見かけたのは、アゲハモドキだったのだろう。それではいったい、本物のクロアゲハたちは、夜の間どこにいるのだろう？

　クロアゲハたちは夜になると、葉っぱの裏などに止まって、休んでいるらしい。クロアゲハたちが夜に葉っぱの裏に隠れて休んでいるとき、近づいても気づかれないことが多いという。警戒心が解かれ、反応性が低下した状態なのだろう。まるで眠っているかのようだ。周りの状況に注意を払わず休むことは、生き物にとってとても危険な行為のはずだ。なぜ、そんなリスクを冒してまで、クロアゲハは休むのだろう？

眠りと死と心

成虫になったアゲハチョウが生きられるのは、数週間だという。卵が産みつけられた後、数日経って孵化すると、脱皮をくり返しながら幼虫として一ヵ月ほどを過ごす。さらに蛹に変態して、二週間ほどを過ごすのだ。そうして一ヵ月半ほどの〝下積み〟生活を経た後、成虫になって空を飛べるのは、数週間。短ければ、わずか二週間だ。そんな限られた時間の中でも、アゲハチョウたちは夜にしっかり休む。わざわざ、危険を冒しながら、である。

一生のうちの貴重な時間を使って休むのは、なにもアゲハチョウだけではない。私たちヒトも、一日のうち六〜八時間を睡眠に費やしている。人生のうち、二〇〜三〇年を眠って過ごすのだ。

なぜ私たちは、眠るのだろう？　人類は、古くから睡眠という現象に大きな興味をもってきた。

ギリシャ神話には、ヒュプノス（Hypnos）という眠りの神が存在する。ヒュプノスは優しく穏やかな性格で、人々を眠りへと誘う神だ。興味深いことに、ヒュプノスは死の神・タナトス（Thanatos）と兄弟なのである。眠りと死は近い存在なのだろうか？

「眠っている間は生きていても、死者と接している」——古代ギリシャの哲学者であるヘラクレイトスは、そんな言説を残した。眠りは、死の疑似体験だと解釈されていたのだ。起きている「生」の状態に対し、眠りに落ちて動かなくなる様子は「死」を連想させたのだろう。

眠りの神・ヒュプノスは、ニュクス（Nyx）という夜の女神から生まれた。ヒュプノスには、タナトスの他にも兄弟がいる。そのうちの一人、オネイロス（Oneiros）は、夢の神だ。さらに、ヒュプノスの息子もまた、モルペウス（Morpheus）という夢の神なのである。

眠りとは、私たちの魂が抜け出した状態であり、魂があちこちを彷徨《さまよ》った体験が、夢だという解釈があったという。その一方で夢は、普段住んでいる世界とは異なる、高次な世界の体験だという解釈もあった。夢の中では、神に出会い、お告げをきくことができると信じられていたのだ。睡眠は、「生」の状態から離れ、「死」に近づく状態、そして何か神妙な体験をする時間だと考えられていた。私たちは眠ることで、毎日のように現世を離れ、異世界を経験しているのだと――。

そうした迷信に縋《すが》ることなく、心理学の立場から眠りの意味に迫ろうとする試みも行われた。一九世紀後半から二〇世紀にかけて活躍したオーストリアのジークムント・フロイトは、「精神分析学」を提唱したことで有名だ。人間の心のしくみに関して、フロイトは次のような考え方を示した。


心は、①意識と②前意識、③無意識という三つの要素から成り立っている。

①意識：私たちが、簡単に自覚することができる心。例えば、「私は今、怒っている」という自覚を伴った怒りの感情は、「意識」の一つである。

②前意識：普段は無自覚だが、思い出そうとしたり、注意を向けたりすることで自覚する心。例えば、心の奥底に秘めて自覚していなかった感情に、何かのきっかけ（他の誰かから指摘される等）で気づくことがある。

③無意識：心の奥底に隠れている抑圧された感情や願望。自覚することは、基本的に困難である。

心理的なストレスを受けたとき、人はその記憶を「③無意識」としてしまい込んでしまう。感情を抑圧することで、自らを守ろうとするのだ。フロイトは、このようにして抑圧された思いが、神経症の原因になると考えた。だが患者本人は、「無意識」を自覚することができていない。「無意識」に抑圧されている感情を認め、受け入れることで症状の改善につながると考えたのである。そして、「無意識」を知る手段の一つとして、夢を分析すること（「夢分析」）が有効だと唱えた。睡眠中には心が無防備な状態となり、普段抑圧されている「無意識」が夢に現れるというのだ。

睡眠という現象

睡眠は、私たちの体で起こっている生理現象である。自然科学の視点から、睡眠という現象を定義することはできないだろうか？

そんな取り組みを最も初期に行ったのは、哲学者のアリストテレスだろう。彼は二〇〇〇年以上も前に、睡眠とは「ヒトをはじめとした動物が瞼《まぶた》を閉じて、運動を停止する状態」だと述べた。そしてヒトに限らず、ウシやウマも同じように眠ると言った。

睡眠中には、瞼を閉じて動かなくなるというのは、間違いではない。しかし、論理的に「必要十分条件」を考えてみると、「眠っている→瞼を閉じている」というのは概ね正しいが、「瞼を閉じている→眠っている」とは限らない。空寝の場合があるのだ。

私は幼い頃、眠ることが好きではなかった。幼稚園に通っていた頃だっただろうか。自宅で母から、「少し昼寝をしたら?」と言われ、昼寝をすることになったのだが、私は絶対に眠りたくないと思っていた。昼寝は、時間の無駄だと思っていたのである。

そのとき、私はどうしたかというと、目を閉じて体も動かさずに眠ったふりをして、数分経ったら目が覚めたように装おうとしていた。何とも演技派の子どもだったのだ。そうやって空寝をしているとき、私の中には「今、眠ったふりをしている。動いてはならない」という意思があった。起きているときには、「起きている」と自覚することができる。そして、さまざまな注意を払うことができるのだ。それに対し、眠っている状態では、そうした意思や注意が失われる。

起きているのか、眠っているのか——起きていることを内部的に自覚することができたとしても、外部からそれを推し量るのは、案外難しい。ヒト以外の動物になると、なおさらである。

私の生まれ育った家には、ブラームスという名の白い日本犬がいる。柴犬よりも一回り大きいくらいの中型犬だ。私がブラームスのピアノ曲を練習している時期に、縁あって家にやってきたことからそう名付けられたこの犬は、一人っ子の私にとってまるで兄弟のような存在だった。ブラームスの素振りをよく観察していたものだ。

普段家の中で過ごしているブラームスは、一日の大半を眠って過ごしているように見える。四つ足で立っている時間は、少ないのだ。立って動き回るのは、散歩の時間が近づいてそわそわしているときや、ご飯のにおいがするとき、来客があったときくらいだろう。では、それ以外の時間は何をしているのかというと、寝そべって庭の様子をうかがっているときや、瞼を閉じているときがある。瞼を閉じていても、物音がするとすぐに目を開くときもあれば、呼びかけても応えてくれないときがある。稀に夢をみているのか、うわ言のように吠えているときもある。ブラームスが、いつ眠って、いつ起きているのか？　見分けるのはとても難しいのだ。

脳と睡眠

「起きているのか、眠っているのか」という内部的な自覚は、あくまでも私たちの主観だ。それを、客観的に知る術はあるだろうか。その変化が、体のどこで起こっているのかと考えてみると、おそらく「脳」で起きているに違いない。

起きているときと眠っているときでは、脳の活動が異なっているかもしれない。眠っているときには、脳の活動が停止しているのではないだろうか。脳の活動を計測すれば、眠っているのか、空寝をしているだけなのかを知ることができそうである。

その前に、まず脳とはいったいどのようなものだろうか？

一言で言い表すのはとても難しい。脳は、私たちの心が宿っている場所だと言う人がいるかもしれない。感覚情報を処理し、運動や行動、思考を司っている場所だと説明することもできる。

しかし、脳がど〻のよう〻な物体〻であるかを説明すると、それは豆腐のように軟らかい臓器である。脳はとても軽く、ヒトの場合でも、体重の約二パーセントを占めているに過ぎない。もしエイリアンが地球に来て、私たちの体を解剖したとしたら、こんなに軟弱で軽い臓器が、私たちの知性の源とは考えないだろう。

脳はとても大切な臓器であるから、頭蓋骨という骨によって覆われ、厳重に守られている。脳と頭蓋骨の間には何層かの膜があり、膜の間には脳脊髄液《のうせきずいえき》と呼ばれる液体が存在している。まるで、プラスチック容器に、豆腐が水と一緒に入れられているかのようだ。

豆腐のように軟らかいとはいっても、脳にはきちんとした構造があり、「大脳」や「小脳」、「脳幹」などに区別することができる。「大脳」は、感覚や記憶、思考をはじめとした高次な脳機能を司っている場所だ。右脳や左脳という言葉があるように、大脳は右大脳半球と左大脳半球に分けられる。「小脳」は、後頭部の下の方に位置していて、運動制御の中枢だ。「脳幹」は体温や呼吸の中枢が位置し、生命維持の司令塔である。

脳は、本物の豆腐とは違って、小さな細胞がたくさん集まってできている。ヒトの体を形作っているのは、四〇兆個にものぼる細胞たちだ。細胞は多くの場合、肉眼では見ることができない。私たちの体は、そんな小さな細胞の集合体なのである。ヒトの脳には一〇〇〇億個以上の神経細胞が存在し、それ以外にも神経細胞のはたらきを助けるグリア細胞と呼ばれる細胞が、その一〇倍ほどある。

細胞という物体もまた、じつに不思議な存在だ。一つひとつが独立して、じつに繊細に機能する。とても小さな〝精密機械〟とでも表現できよう。細胞の表面には細胞膜と呼ばれる膜があり、細胞の中と外を隔てている。細胞の内外で、物質は自由に行き来することができない。

脳に存在する神経細胞は、「神経発火」と呼ばれる現象を起こす。細胞が電気を帯びて興奮することがあるのだ。神経細胞も他の細胞と同じように、細胞の内外が隔てられていて、細胞内の液と、細胞外の液の電解質は不均一になっている。

例えば、細胞外の液には、正の電荷をもつナトリウムイオン（Na^+）が豊富に含まれているが、細胞内のナトリウムイオンの濃度は低く保たれている。一方、カリウムイオン（K^+）の濃度は細胞外で低く、細胞内で高い。こうした不均一性によって、神経細胞は、ある一定の電位（静止膜電位と呼ばれる）に保たれている。しかし何かの拍子に、細胞外液に豊富に存在するナトリウムイオン（Na^+）が細胞内へ流れ込むと、正の電荷が増えて、細胞内の電位が上昇し、細胞が興奮状態になる。この電位の上昇は非常に速く、ミリ秒（一秒の一〇〇〇分の一）の単位で起こっている。そしてナトリウムイオン（Na^+）と同じく、プラスの電荷をもつカリウムイオン（K^+）が、細胞内から排出されることで、元の電位に戻る。神経細胞は、電気的なのである。

一〇〇〇億個以上にものぼる神経細胞は、脳の中で複雑な配線構造をしている。一つの神経細胞の興奮が、接続している周りの神経細胞にも伝わるようになっていて、それはまるで、人と人が手をつなぎ合い、一人の興奮が手をつないでいる相手に伝わっていくようだ。脳の中では、一つひとつの神経細胞が計算素子のようにはたらいているのだ。

そんな脳の活動、すなわち電気的な活動は、起きているときと眠っているときで、どう違っているのだろう。一〇〇〇億個以上の神経細胞の活動を、一つひとつ測るわけにもいかない。脳自体を傷つけずに計測することができればよいが、どうすればいいのだろうか？

苦悩に満ちた脳波

今から一〇〇年ほど前、二〇世紀初頭、ハンス・ベルガーという偉大な科学者がいた。彼は精神医学に興味をもち、ドイツのイェーナ大学で脳の研究を行っていた。脳内の血液の流れや、温度の変化について調べていたのである。そんなベルガーは、人間の頭部の電気活動を測ることはできないだろうかと考えた。神経細胞は、電気的な活動をしている。それならば、脳の電気活動を、頭の表面からでも測れるのではないか——。

一九二四年、ベルガーはヒトの脳の電気活動を測定することに成功する。ベルガーはときに、自身の子どもたちを被験者にして熱心に計測をしていたという。彼はとても慎重な性格だった。計測された波形がノイズではないことを丁寧に証明しようとする。観察された波形は、本当に脳から発せられている電気信号なのか？　一連の研究成果は、一九二九年に論文として公開された。ヒトの脳の電気活動を初めて測定したという画期的な報告だった。一躍注目を集めるはずが、残念ながら彼の論文は、他の研究者から相手にされなかった。

彼の実験結果は、あまり信用されていなかったようだ。世界に先駆けた成果を発表するものの、一向に信じてもらえない。ベルガーはそんな苦悩を経験する。

そうした中、生理学者として有名だったケンブリッジ大学のエドガー・エイドリアンが、ベルガーの報告に目を留めた。そして、彼はベルガーの実験の追試を行った。エイドリアンはあるとき、頭に包帯を巻いた姿で、学会に登場した。一九三四年のことである。頭に電極を装着し、包帯でそれを固定していたのだ。頭から伸びるコードは、アンプとオシロスコープにつなげられていて、エイドリアンの脳波が、その場で映写されるしくみになっていた。

多くの聴衆が注目する中、ベルガーが論文中で報告したのと同じような波形が映し出された。ベルガーの報告は、本当だったのだ。ベルガーがヒトの脳波の計測に成功してから、一〇年後のことである。ベルガーは、ヒトの脳波を測定する前、イヌの脳波の測定も試みていたのだが、それからは三〇年ほどが経っていた。

エイドリアンの印象的な公開実験によって、ベルガーの功績はようやく讃《たた》えられるようになった。苦難を乗り越え、ようやく功績が認められたベルガーは、ノーベル生理学・医学賞へもノミネートされる。だが、なんと受賞を目前にして自ら命を絶ってしまう。自殺の原因は正確に分かっていないが、ノーベル賞は存命の人物に授与されるという決まりから、彼が受賞することはなかった。

エイドリアンの公開実験で映写された脳波は、私たちの直観とは異なる不思議な挙動を示し、それもまた話題になった。エイドリアンが目を閉じると、波の凹凸が大きくなるのだ。目を開けると、小さくなる。エイドリアンに暗算の問題が出題され、エイドリアンが深く考え込んでいると、波の凹凸がさらに小さくなって、まるで直線のようになった。どうやら脳を盛んにはたらかせると、脳波が平坦になるのだ。脳を動かすほど、脳波が静かになる。

じつは、ベルガーも、同じことに気がついていた。被験者が目を閉じた際に見られる、比較的凹凸の大きい脳波は、「ベルガーリズム」と呼ばれることがある。いったいどういうことなのだろう？

眠っている脳と起きている脳

脳波は、頭の表面から観察される電気活動の揺らぎである。脳波は「波」だ。「波」は私たちの身近に溢れていて、例えば、音も「波」である。音がそうであるように、「波」は周波数と振幅によって、特徴づけられる。音の場合では、周波数が高いと高い音に聞こえ、周波数が低いと低い音に聞こえる。振幅とは、波の大きさであり、音の大きさにあたる。

エイドリアンの実験で示されたように、脳をはたらかせるほど、脳波の凹凸が小さくなる。すなわち振幅の小さい脳波だ。では、眠っているときの脳波はどんなものかというと、非常に特徴的だ。凹凸が大きく、ただゆっくりとした脳波なのである。それは、「周波数が低く、振幅が大きい」脳波と表現することができ、音に喩《たと》えるなら、「低音の大きな音色」だ。眠っているときには、ピアノの鍵盤の左端を強く叩いたときのような低音で勇ましい音色、逆に起きているときには、鍵盤の右端を優しく触ったときのような、高くきらきらとした音色なのだ。

脳波は、一つひとつの神経細胞の活動を捉えているわけではなく、神経細胞の活動の総和だ。脳波が直観と反する不思議な挙動を示すわけは、そこに隠されている。

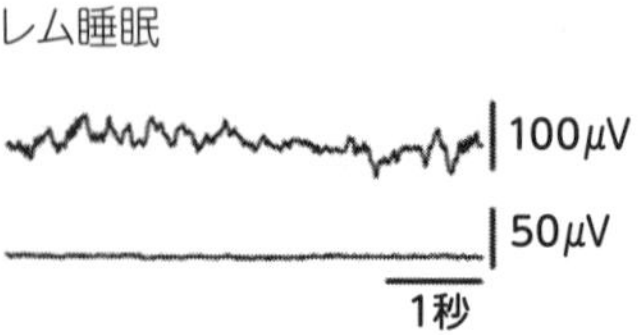

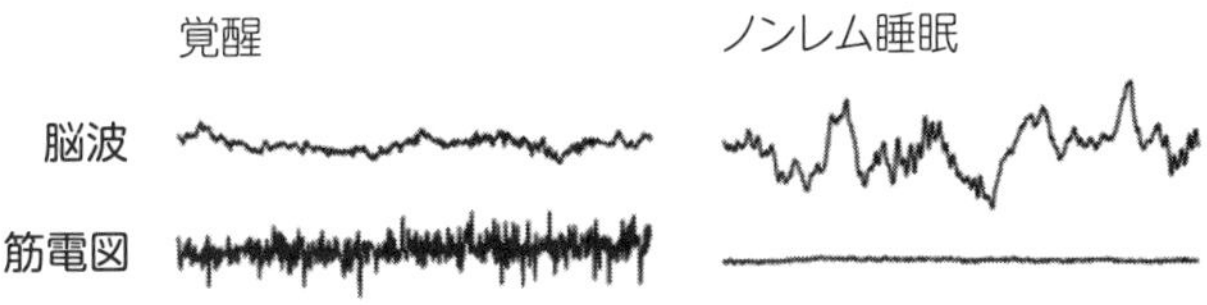

覚醒、ノンレム睡眠、レム睡眠における脳波と筋電図
Weber, F., Dan, Y. Nature 538, 51–59 (2016) の図を引用、表記を日本語に改変

脳波は、主に「大脳皮質」から発せられる電気信号だ。「大脳皮質」とは、感覚情報の処理を行い、それにもとづいて判断や思考を行っている場所である。私は実験で、死んだマウスの脳を解剖することがあるのだが、大脳皮質は「皮」という字の通り、脳の表面の構造である。

私たちが起きているときには、大脳皮質にある神経細胞が活発に活動し、盛んに情報の処理を行っている。したがって起きているときには、神経発火が盛んに起こる。神経細胞が興奮したり、鎮まったりをくり返しているのだ。ただ、それぞれの神経細胞が活動するタイミングはバラバラであるから、その総和をとってみると、足し算の結果は大きくならない。そのため、起きているときには、小さな振幅（凹凸の少ない）の脳波になる。

一方、眠っているときには、一つひとつの神経細胞がゆっくりと活動し、そしてタイミングを合わせて活動する。興奮したり、鎮まったりのタイミングが揃っているのだ。皆が一斉に活動したとき、その総和はとても大きくなる。したがって、脳波の振幅が大きく（凹凸が大きく）なり、周波数の低い（ゆっくりとした）パターンになる。

夢みる睡眠

睡眠中の夢は、大切な意味をもつと考えられてきた。古代において夢は、魂の彷徨いだったり、神のお告げをきく機会だとされていた。フロイトのように、夢は心の奥底の感情や願望の表出だ、と唱えた学者もいる。「夢占い」も、あながち間違いでないかもしれない。

私は幼い頃から、毎晩のように夢をみるのだが、年齢を重ねるにつれて夢の内容も変わってきた気がする。クロアゲハの研究に熱中していた頃には、クロアゲハの蛹が羽化する夢をみたことがある。クロアゲハがいつも朝方に羽化するのを不思議に思い、ずっと暗い場所に置いたらどうなるのかと考えた。蛹を押し入れの奥に置いてみたのだ。毎日のように、どうなるのか楽しみに観察していたのだが、ある日、羽化したクロアゲハが押し入れの中を飛び回っていた。私は、それを捕まえようと焦っていたのだが、はっと目を覚ますと夢であることに気がついた。実際のところ、押し入れの奥に入れた蛹は、蛹になってから一〇日後の午後一時半に羽化し、三時過ぎに飛び立っていった。

最近では、なぜか遅刻をして焦る夢をみるのだが、不思議なことに夢の中で「これは夢だから、そんなに焦らなくてもよい」と思うことがある。夢には、昼の間に深く考えていたことが反映されやすい。場合によっては、まるで起きているかのように、夢の中でも冷静に思考することができる。夢をみているとき、脳波は睡眠のパターンを示しているのか、それとも起きているときの脳波なのか？

ベルガーがヒトの脳波の測定を成功させた後、エイドリアンの助けも相まって、脳波は睡眠状態を判別する指標になった。その後さらに研究が進み、もう一つ非常に重要なことが分かったのだ。

一九五〇年代、シカゴ大学で研究を行っていたユージン・アセリンスキーは、息子が眠っている様子を見ていて、あることに気がついた。眠っている最中に、瞼の下の眼球が素早く動く瞬間があるのだ。彼は、この特異な現象に注目して研究し、その際の脳波を解析してみた。すると、その状態では、睡眠中に通常みられる脳波パターン（低周波数で振幅の大きい波形）とは異なり、周波数の高いパターンであることを見出した。より起きているときに近い脳波なのだ。ただ、筋肉は弛緩した状態であるため、体は動かない。彼はその状態を、急速眼球運動（rapid eye movement）の頭文字をとって、REM（レム）睡眠と名付けた。レム睡眠ではない睡眠を、Non-REM（ノンレム）睡眠と呼んでいる。

睡眠は、ノンレム睡眠の時間が圧倒的に長い。レム睡眠はヒトの場合、睡眠時間全体の二〇パーセント程度であり、睡眠の後半に出現することが多い。レム睡眠中に起こされると、夢をみていたと答える人が多いという。レム睡眠は、鮮明な夢をみることが多い睡眠なのだ。実際のところ、夢はノンレム睡眠中にもみることはあるが、レム睡眠中の方が頻度が高く、夢の内容もより鮮明であるという。

夢の想像力

椅子に座り、頭を机に突っ伏している一人の男がいる。男は、ペンのようなものを机に投げ出し、眠り込んでいるようだ。男の周りには、フクロウのような鳥たちがいて、彼の様子をうかがっている。そのうちの一羽は、ペンをつかんで、それを男に手渡そうとしているかのようだ。椅子のすぐ後ろにいるネコのような動物もまた、男の様子をうかがっている。男の背後には、コウモリのような黒い影がたくさん見える。

スペインの画家、フランシスコ・デ・ゴヤの「理性の眠りは怪物を生む」という作品だ。このいくらか哲学的で、霊気を感じさせるタイトルの作品は、ゴヤが一七九九年に出版した『ロス・カプリチョス』という名の銅版画集のうちの一つである。

ゴヤは、一八世紀後半から一九世紀はじめにかけて活躍した偉大な画家である。彼は幼い頃から絵を描き始め、その才能はすぐに頭角を現した。イタリアへの留学の後、一七八九年にはスペイン王室の宮廷画家に就任する。そんな順風満帆《じゅんぷうまんぱん》な生活を送っていたゴヤだが、病気で急に耳が聴こえなくなってしまったと言われている。その頃から、彼の描く絵は、しだいに暗い作風のものが多くなった。「理性の眠りは怪物を生む」も、そうした黒い影を落とした作品の一つである。プラド美術館にあるこの作品の元となった素描には、ゴヤによる次のような注釈が添えられている。

フランシスコ・デ・ゴヤ
「理性の眠りは怪物を生む」

夢を見ている作者。有害な迷信を打ち破り、この作品によって真実を永遠のものとすること。これが作者の唯一の目的である。

私たち人間は起きている間、理性をはたらかせている。周りでどんな出来事が起こっていて、今からどんな振る舞いをするべきか。道理にもとづいて、思考し、判断することができる。でも、理性はときに、私たちの創造性の障壁となることがあるのだろう。ゴヤが眠りについて理性から解き放たれたとき、悩みや絶望を忘れ、夢をみて創造性を得ることができたのかもしれない。フクロウのような鳥がペンを手渡そうとしているのは、何か表現するように鼓舞しているのだろうか。

なかには、夢をあまりみないという人もいる。もちろん、私たちが眠るのは、なにも夢をみるためではない。でも、夢はしばしば、私たちに良い気づきをもたらしてくれる。

一九二〇年代、オーストリアで薬理学者として活躍していたオットー・レーヴィは、心臓の拍動をコントロールする神経のはたらきに注目していた。神経を刺激すると何らかの物質が放出され、その物質が心拍をコントロールするのではないかと考えていたのだ。

一九二一年の復活祭の夜、レーヴィは眠っていて、ふと目を覚ました。夢の中で実験に関わる何か重要なアイデアを思いつき、それを走り書きでメモし、再び眠ったのだ。翌朝になって目を覚ました彼は、メモを見たがそこに何が書かれているのか分からなかった。落胆したレーヴィだったが、その日の夜、再び同じ夢をみて目を覚ます。同じ失敗はくり返すまいと、すぐに起き上がり、大学に行って実験を行った。その実験でレーヴィは、神経からある物質が放出されていることを証明したのだった。その発見で、レーヴィは一九三六年にノーベル生理学・医学賞を受賞している。

レーヴィが放出を証明した物質は、後になって「アセチルコリン」であることが分かった。興味深いことに、これまでに「アセチルコリン」は、脳の中でレム睡眠の制御に関わることが分かっている。レーヴィがみた夢は、レム睡眠中のものだったか、ノンレム睡眠中のものだったかは定かでないが、もしかすると彼は、「アセチルコリン」によって夢をみて実験を思いつき、「アセチルコリン」の作用を証明したのかもしれない。

第二章　眠りのホメオスタシス

ゆりかご効果と睡眠不足

朝の通勤時間帯、電車に乗り込むと、座席に座ってうたた寝をしている人を見かける。電車や車に乗ると、気づかないうちに眠ってしまうという人も多いと思う。それはなぜなのだろう。時間を持て余してしまうからだろうか？

じつは、きちんと科学的な理由がある。赤ん坊をあやすとき、抱きかかえて優しく揺らすと、リラックスして眠ってくれたりする。ゆりかごも、また同じ理屈だ。そうした適度な揺れを心地良く感じるのは、赤ん坊だけではない。大人も、適度に揺れている環境では眠りにつきやすく、安眠することができ、それは「ゆりかご効果」と呼ばれている。電車や車は、ちょうどよく揺れる。車内でうたた寝をするのは、「ゆりかご効果」のせいであり、仕方のないことなのだ。

しかし、朝の通勤時間帯に眠りに落ちてしまうのは、また違う理由がある気がする。元気はつらつとして眠気がない状態ならば、「ゆりかご効果」があっても眠くはならないかもしれない。起床してそれほど時間が経っていない通勤の時間に、眠気を感じるのは、睡眠が不足していることが関係していそうだ。

経済協力開発機構（ＯＥＣＤ）が二〇二一年に公開した、各国の平均睡眠時間の調査結果によると、三三ヵ国のうち、日本の平均睡眠時間は最短だった（七時間二二分）。日本では、例えば都心に職場がある人が、郊外に住まいをもっていて、長い時間をかけて通勤している場合も多い。睡眠に費やせる時間は、必然的に短くなりがちだ。日本のビジネスパーソンは、通勤電車で不足した睡眠を補っているのかもしれない。言い換えれば、人間はどんなに忙しくても、ちょっとした隙間時間で眠ろうとする。

そういえば私は幼い頃、あまりに当たり前なことに疑問を抱いていたのを思い出した。眠るのが嫌いだった私は、「睡眠は本当に必要なのか」と疑問に思っていた。夜になるといつも考えていたことがある。もしこのまま眠らずに起き続けたらどうなるのだろう——。

徹夜で試験に臨んだ結果……

私は中学校を卒業して、地元の県立高校に進学した。中学校までは、ほとんど勉強せずとも、試験の成績は良かったのだが、高校になるとそうはいかない。学校の勉強をこなすのが嫌いだった私は、普段は勉強せずに、試験週間に入ってから一夜漬けのようにして乗り切ろうと考えていた。

高校二年生のとき、私はほとんど徹夜に近い状態で試験に臨んだことがある。物理の試験だった。試験前日の夜に、なんとか試験範囲を勉強し終えた。だがそのときは、なぜか欲張って念には念を入れようと、試験当日の明け方四時ごろまで参考書の問題を解いたのだ。解いた問題の答え合わせをすると、ほとんど合っている。今回の試験は、完璧だと確信した。

その後、少しだけ仮眠をとり、朝六時過ぎに起きて支《し》度《たく》を始めた。いつものように朝食をとろうとするが、あまり食欲がない。頭がぼーっとして、なんだかひどく追い込まれたような気がした。いつもは飲まないホットコーヒーを飲んで、高校に向かった。一時間目が、物理の試験だ。物理は、もともと得意な科目であり、今回の試験ではとくに念入りに勉強したから大丈夫だろう。

問題用紙と解答用紙が配られ、いよいよ試験がはじまった。問題をざっと見てみたところ、どの問題もすぐに解き方が浮かんでくる。ひとまず落ち着いて最初から解いていこう。余裕の試験のはずだった。

あれ、なんだか変だ……。

問題を解き進めていくと、計算が合わなくなった。どうやら大問の最初から間違えていて、そのミスを引きずっていたようだ。最初の問題に戻って見直すが、何度考えても、答えは同じだ。どこが間違っているのか分からない。ふと時計に目をやると、試験時間の半分が過ぎていた。まだ大問の一つ目しか取り掛かれていない。焦りが増して、何度も時計を確認した。

終了の合図があった。どの問題も全然解けていなかった。つい数時間前までは、あれだけ解けていたのに……。空白が目立つ解答用紙を見つめて、落胆した。

試験の成績は散々なものだった。なぜあのような大失態をおかしてしまったのだろう。今となって振り返れば、おそらく睡眠不足のせいだ。集中力が低下し、勉強した記憶も定着していなかった。でもあのときは、「眠気など気合で我慢できるもので、努力不足を睡眠不足のせいにしてはいけない」と思っていたものである。高校生や大学生くらいの時期には、つい自分の体力を過信し、徹夜で勉強したり遊んだりして、無理をしてしまうことが多い。

人は眠らなかったらどうなるか

しかし、かつてもっと大胆な挑戦をした若者がいた。ランディ・ガードナーというアメリカの高校生だ。一九六三年、彼は、科学コンテストに応募しようとしていた。そして、人々から大きな注目を集めるような実験はできないだろうかと考えていた。

人が眠らなかったらどうなるのか――ランディは、断眠の実験を思いつき、自らの身をもって検証しようとした。

一九六三年一二月二八日、ランディはクリスマス休暇を使って〝挑戦〟を始めた。実験には協力者がいて、彼が眠らないように常に話しかけたりしていたという。眠らずに起き続けた彼は、どのような経過を辿ったのか？

徹夜二日目、彼は目の焦点を合わせることが難しくなって、テレビを見なくなった。三日目になると情緒の変化が激しくなり、吐き気を催した。徹夜四日目になっても、彼は眠気に抗い、耐え続けた。幻想や妄想があらわれ、道路標識が人間であると感じたり、自らが偉大なフットボール選手だと誇示したりしたという。七日目あたりになると、言葉が不明瞭になって、まとまった話をすることができなくなっていた。もう中断してもよさそうなものだが、ランディはそのまま耐え続け、なんと年が明けた一九六四年一月八日までの一一日間、時間にして二六四時間の断眠記録を達成したのである。当時としては、最長の断眠記録だった。

狙い通り、彼の挑戦は、アメリカ中で大きな注目を集めることになる。最後の三日間は、睡眠を研究する専門家による観察を受けることになり、断眠の経過は、後に論文として発表された。

断眠実験を終えたランディは、どうなったのだろう。いったいどれくらい眠るのか？後遺症が残ることはないのだろうか？　周囲は、固唾を呑んで見守ったに違いない。

一一日ぶりに眠りはじめた彼は、一五時間ほど経って目を覚ました。軽い記憶障害や睡眠サイクルの乱れがあったが、一〇日後にはほとんど正常な睡眠パターンに戻った。心身の検査でも、特段の異常を示さなかったのである。六週間後や七ヵ月後に行われた検査でも、ほとんど正常だった。一一日間にわたって眠らずに起き続けても、深刻な影響が残ることはなかったのだ。

論文に記載されている内容はそこまでだ。だが、この話には続きがある。実験から四〇年以上経ってインタビューに応じた彼は、後年、深刻な不眠症になったことを明かした。毎晩眠ることができず、「もう眠ることを諦めた」と語っている。もちろん、あの断眠実験との因果関係は定かでないのだが、非常に危険な挑戦だったことは間違いない。断眠の危険性を鑑み、ギネス世界記録は現在、断眠記録を認めていない。

動物の断眠

断眠は、脳のはたらきに大きく影響する。ランディが経験したように、数日間にわたって眠らないと、記憶に障害が出て、集中力を保つことが難しくなり、ときに妄想や幻覚を伴うことがある。過去には、被疑者に対して長時間眠らせずに取り調べを行って、虚偽の自白が引き出され、冤罪が生まれたケースもある。

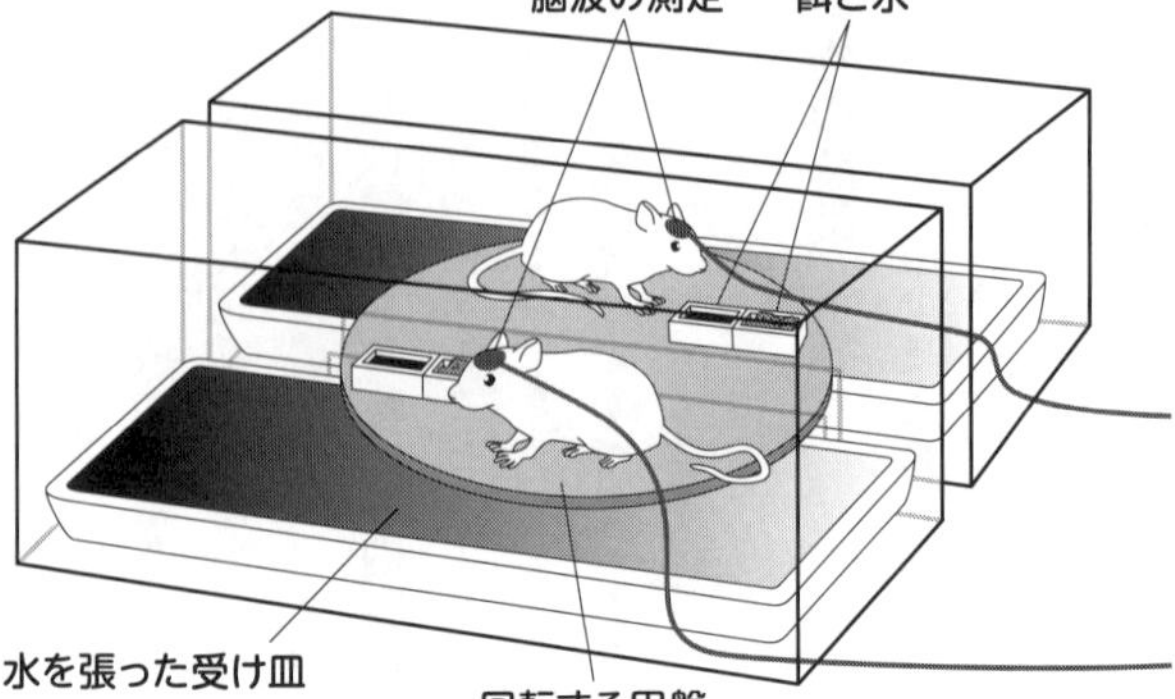

水上円盤法によるラットの断眠実験

断眠によって影響を受けるのは、脳のはたらきだけだろうか。とても可哀そうだが、動物を長い期間にわたって断眠させる実験が行われたことがある。そして、全身にどのような異常が生じるかを検証したのだ。

シカゴ大学のアラン・レヒトシャッヘンらは、ラット（大型のネズミ）を用い、「水上円盤法」と呼ばれる手法で断眠実験を行い、一九八二年にその結果を発表した。その手法では、ラットを特殊な円盤の上に置き、円盤の下に水を張っておく。円盤の上に乗せられたラットは脳波が常に計測されていて、ラットが眠りに落ちると、円盤が回転して水に振り落とされるしくみになっていた。

ラットは、水がとても嫌いだ。そのため、水に触れると、すぐに目を覚ます。この手法では、同じ円盤の反対側にも、仕切りを挟んでもう一匹ラットがいて、そのラットは眠ることができた。なぜかというと、円盤が回転するのは、断眠させようとしているラットが眠りに落ちたときだけなのだ。断眠ラットが起きているかぎり円盤が回転することはないから、仕切りの反対側にいるラットは、その合間に眠ることができた。

断眠ラットは実験前に比べて、睡眠時間が八七・四パーセントも減った一方、円盤の反対側にいたラットは、三〇・六パーセントの減少にとどまった。水上の円盤に、長い時間にわたり滞在することは、ラットにとって大きなストレスとなる。たとえ眠ることができたとしても、だ。断眠ラットとその反対側のラットの二匹を用いたのは、この実験手法によってラットが被るさまざまなストレスのうち、眠れなかったことによる影響だけを切り分ける狙いがあった。

断眠ラットは、どんな経過を辿ったのだろう。レヒトシャッヘンらの観察によると、断眠ラットは、食事量が増えた一方、体重は減少した。さらに、皮膚の傷が目立ち、足の腫れが見られるようになって、断眠を始めてから二〜三週間で、死んでしまったのである。円盤の反対側にいたラットは、死ぬことはなかった。胃潰瘍ができた断眠ラットもいたらしい。強いストレスを受けたせいだろうが、胃潰瘍が直接の死因ではないだろう。なぜ、断眠させると、死んでしまうのか。

レヒトシャッヘンらの研究にヒントを得て、二〇二三年には、中国の研究グループから新しい研究が報告された。マウスを浅く水を張った容器に入れておくだけで、より効率的に断眠させることができるというものである（この実験の結末を知ると、効率的という表現が、正しいかは分からないが）。

マウスは眠るとき、頭を下げ、体を丸める姿勢をとる。そのため、マウスを深さ八ミリメートルほどの水を張った容器に入れておくと、眠ろうとしたときに、鼻が水に触れてしまい、すぐに目を覚ますという理屈だ。たしかに「効率的」ではあるが、なんとも強引で可哀そうな方法である。

そうして断眠させられたマウスは、四日ほどで死んでしまうという。その死因を解明すると、炎症応答が過剰になり、制御がきかなくなった「サイトカインストーム」と呼ばれる状態に似て、多臓器不全に陥っていた。断眠は脳にダメージを与えるだけではない。影響は全身に及び、ひどい場合は死に至る。

無論、水というラットやマウスにとって不快な刺激を与え、何日間も眠らせないような実験は、倫理上あまり好ましくない。現在、睡眠の研究で動物を用いる際には、実験者が筆で優しく触るなど、比較的侵襲《しんしゅう》度の低い方法が推奨されている。そして、断眠させる時間も数時間、長くても六〜一二時間など、ルールが定められていることが多い。

ランディの断眠の経過、さらに動物の断眠実験の結果――それはまさに、「このまま眠らずに起き続けたらどうなるのだろう」という、私が幼い頃に毎晩考えていたことの答えだ。眠らないでいると、脳だけでなく全身にさまざまな不調が生じる。眠らずに起き続けることは、困難なのだ。

眠りのホメオスタシス

私は生き物を観察していて、いつも思うことがある。生き物が歩む道は、平坦ではない。いつも外部から加わるさまざまな変化に影響されるのだ。

庭先のミカンの木にいた青虫たちも、猛暑で想定以上の高温にさらされることもあれば、雨が降って濡れてしまうこともある。台風が来て、ミカンの木の枝が折れてしまうことだってあるだろう。それでも彼らは、さまざまな環境の変化に耐えながら、自身の状態を保ち、命を全うしようとする。

生命は強靭《きょうじん》だ。その逞《たくま》しさは、環境の変化に負けず自らの状態を保とうとする力から生まれている。生命がある一定の状態を保とうとする性質――生物学では、それをホメオスタシス（homeostasis）と呼ぶ。

homeostasis という言葉は、ギリシャ語で「同一」を意味する homeo と、「平衡状態」を意味するstasisを組み合わせたものである。外部の環境が変化して生命に影響を及ぼしたとき、生命はそれに抗う力を発揮して、一定の状態に保とうとする。

一例として、ヒトの体温調節を考えてみたい。私たちは寒い環境に身を置くと、体の表面から冷えていき、もしそのまま何もしなければ、深部体温も下がって命が危険になる。しかしそんな状況で、ヒトは、寒さに抗って体温を保とうとする力を発揮する。どのような力かといえば、寒い環境では、まず褐色《かっしょく》脂肪細胞と呼ばれる細胞が、脂肪を分解して熱を発生させる。この熱によって、体温がある程度維持されるのだ。それでも足りず、さらに熱が必要な際には、筋肉を震わせて熱を発生させようとする。いわゆる、寒さによる「震え」だ。さらに、体毛の濃い動物は、寒いときに立毛筋を収縮させ、毛を立てる。すると断熱効果が高まり、熱を逃がしにくくなるのだ。ヒトの場合にはほとんど意味がないのだが、私たちも寒いときに鳥肌が立つのは、このしくみの名残である。

逆に暑いときはどうだろう。暑い状況では汗をかくことで、体の表面を濡らし、汗が蒸発する際の気化熱によって体を冷ますのだ。

寒いときに体が震えるのも、暑いときに汗をかくのも、私たちの意思ではない。意思とは関係なく、もともと体に備わっているしくみによって、自動的に調節されている。これは、エアコンを冷暖自動運転にしておくと、設定温度に向けて自動で調節しながら運転してくれるしくみによく似ている。分かりやすい例として体温を取り上げたが、生命には、こうしたホメオスタシスのしくみが、無数に備わっている。

睡眠は、ホメオスタシスと関連しているのか――。眠らないでいると、全身に影響が生じる。ラットを断眠させると、皮膚に異常が出たり胃潰瘍になったりする。組織や臓器の状態、さらに全身の状態が、正常から逸脱するということだ。睡眠の不足は、ホメオスタシスの乱れにつながる。睡眠は、生命のメンテナンスに、とても大切な役割を果たしているのだろう。

しかし、ここでもう一歩踏み込んで考えてみると、睡眠という現象自体が、ホメオスタシスの性質を持ち合わせていると考えることはできないだろうか。

睡眠が不足すると、まだ眠りたいと感じる。夜更かしをした場合などは分かりやすい。朝に目覚ましが鳴っても、眠気が強くて「まだもう少し眠りたい」と感じる。それは、睡眠の不足に対し、抗って眠らせようとする力だと解釈することもできる。まるで設定温度から逸脱したときに、エアコンが回りはじめるかのようだ。必要な睡眠時間が「設定」されているのではないか。

なぜ寝だめは意味がないのか

睡眠が不足したときに、眠らせようと抗う力――それを睡眠科学では、「睡眠圧」と表現することがある。睡眠は、この圧によって、ホメオスタシスの性質をもつ。

私たちが「睡眠圧」を実感するのは、なにも夜更かしをしたときだけではない。毎日規則正しく生活をしていても、「睡眠圧」は常に高まっている。私たちは昼間起きている間に「睡眠圧」が徐々に高まっていき、眠気を感じるようになり（眠らせようとする力がはたらき）、夜眠りに落ちる。そして眠っている間に「睡眠圧」が解消されるのだ。「睡眠圧」は、起きている代償として借金のように積み上がっていき、眠ることで返済される。

よく「寝だめは意味がない」と言われることがある。実際、ヒトを対象にした調査でも、たくさん眠ったからといって、その後に眠らなくても済むわけではないことが示されている。もし寝だめすることができるのなら、なんとも便利な話だが、なぜ無意味なのか。「睡眠圧」によるホメオスタシスをもとに考えると、納得できる。

「睡眠圧」は、起きている間に積み上がり、眠ることで解消される。借金が溜まり、返済しているのだが、不便なことに、貯蓄ができない。前もってたくさん眠った（寝だめをした）として、それ以前に溜まっていた借金はゼロになるかもしれないが、たくさん眠ったことで何かがチャージされるわけではない。いくら寝だめをしても、その後に起きることで、また借金が積み上がるのだ。貯蓄が許されず、起きている代償として借金を背負わされ、眠って返済する。私たちは、そんな自転車操業を、毎日くり返しているのだ。

ここまで紹介してきた「睡眠圧」の実体とは何なのか？　単なる概念に過ぎないのか、それとも「睡眠圧」の実体を成す何らかの物質が存在するのか。

睡眠物質

今から一〇〇年以上も前、「睡眠圧」の実体に迫ろうとした日本人の研究者がいる。当時の愛知県立医学専門学校（現在の名古屋大学医学部）で研究していた石森《いしもり》國臣《くにおみ》は、イヌを用いた実験で、「睡眠圧」の実体を成す睡眠物質を特定しようとした。起きている間に蓄積して眠りへと導き、眠ることで減る物質である。

石森はイヌを断眠させ、そのイヌの脳から得た抽出物を別のイヌに注射したのだ。すると、注射されたイヌは、十分な睡眠をとっていたにもかかわらず眠りやすくなった。脳から得た抽出物に、睡眠物質が含まれていると考えると説明がつく。フランスのアンリ・ピエロンも同様の実験を行って、睡眠物質の存在を示唆している。

石森やピエロンの実験を皮切りに、睡眠物質の研究が盛んに行われてきた。今日では、プロスタグランジンD_2（ＰＧD_2）などが同定されている。ＰＧD_2は、断眠中に脳内に蓄積し、眠りへと導く作用をもつ。こうした睡眠物質によるしくみを、「睡眠の液性機構」と呼ぶことがある。「睡眠圧」の実体としての睡眠物質——非常に分かりやすい理論だが、その後の研究で、どうやら「睡眠圧」のしくみは、そんな単純なものではないことが分かってきた。その実体は、未だはっきりと分かっていない。

詳しくは後章に譲りたいと思うが、「睡眠圧」のしくみは、睡眠科学で最もホットな話題の一つだ。「なぜ私たちが眠るのか」の答えは、そこに隠されているはずだ。

第三章　眠りと時間

プラナリアの明暗

私は高校時代、理数科に在籍していた。その学科に進学したのには理由があった。週に数コマ、自由に研究をする授業があったからだ。研究がしてみたいという一心で進学した。

三年間担任だったのは、児玉伊智郎《こだまいちろう》先生という生物の先生だった。とても穏やかで紳士的な彼は、高校の教師でありつつ、博士号をもっていた。高校に勤務しながら、学会に参加したり論文を書いたりしていたのだ。教師だけではなく、研究者としての一面があった。彼にはよく、「大学では、どういう研究が行われているのか」「研究者になるにはどうしたらよいか」と、質問攻めにしていたものである。

私は、彼が顧問を務める化学・生物部に入部してみることにした。化学・生物部が使っていた実験室には、生き物を飼育するための大型のインキュベーター（培養器）や、遺伝子配列を増幅するためのサーマルサイクラー、増幅した産物を分離するための電気泳動槽《えいどうそう》があった。大学の研究室と比べても、けっして引けをとらない環境である。私にとって、まさに楽園のような場所だった。

午後四時半ごろに授業が終わると、すぐに実験室に行って研究をした。吹奏楽部が練習で奏でている音楽を聴きながら、実験や解析に励んだのだった。午後八時くらいまで研究

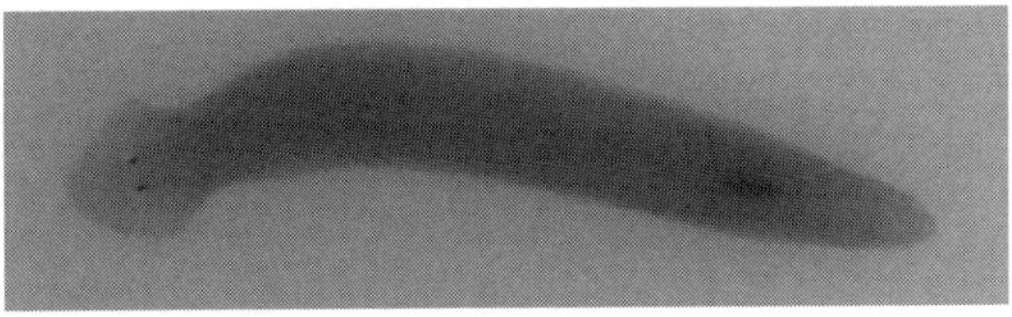

高校の近くで採集したプラナリア（筆者撮影）

をして帰宅していた記憶がある。土曜日や日曜日も高校に行って研究をするのは、いつしか当たり前になっていた。高校の近くには山口大学吉田キャンパスがあり、ゾウリムシの研究をされていた堀学《ほりまなぶ》先生の研究室にお邪魔しては、実験の相談に乗ってもらったり、高校にはなかった蛍光顕微鏡を使わせてもらったりしていた。勉強はそっちのけで研究に熱中していたのだ。仲の良い友人の話だと、高校で文化祭が開かれている最中にも、実験室で一人、実験のデータをまとめていたそうだ。きっと同じクラスの人からは、「あの人は出し物の手伝いもせずに、何しているのだろうか」と怪訝《けげん》な顔をされていたことだろう。

　私はそこで、プラナリアと呼ばれる生物を研究していた。プラナリアは、体の大きさが一〜二センチメートルほどのヒルのような姿をした生物だ。ヒルに似ているというと、なんだか不気味な気もするが、人の血を吸って害をもたらすような生き物ではない。私たちの身の回りにある水路や小川で、石の裏にくっついてひっそり生きている。

　しかし、この生き物はただ者ではない。プラナリアは体を切り刻んでも、刻まれた断片が再生して、それぞれが一つの個体になることができるほど、再生能力が高い生き物なのだ。

当時私は、プラナリアの再生能力を研究していたわけではなく、誰もやらない研究をやってみたいと考え、野外に棲むプラナリアが、普段どんなものを食べているのかを研究しようとしていた。

プラナリアはスーパーマーケットで売られている鶏のレバーを生でそのまま与えると、近づいてきて、体の真ん中に位置する口から咽頭を伸ばし、吸い付いて食べ始める。この性質は、野外でプラナリアを採集するには、とても好都合だった。ガラスの小瓶のなかにレバーを入れ、小川や用水路に沈めておき、一晩たって回収すると、たくさんのプラナリアが集まっていた。

そのようにして採集したプラナリアを、直径一五センチメートルばかりの大きなシャーレに移し、実験室にあるインキュベーターで飼ってみるのだが、いつもすぐに弱ってしまった。数が徐々に減っていってしまうのだ。インキュベーター内の温度が、野外の環境とは異なることが原因なのかと考えて、設定温度を変えてみることにした。温度を下げると、プラナリアが少し元気になったように思われたが、それでも長く飼うことは難しかった。

私と児玉先生は、京都大学でプラナリアを研究されていた先生に連絡を取り、実験を行うのに適しているプラナリアを、高校まで送っていただくことにした。ところが、受け取ったプラナリアをインキュベーターで飼育していると、また調子が悪くなってしまう。飼育している水が良くないのだろうか。何度かプラナリアを送り直してもらったが、そのたびに調子が悪くなり、長く飼うことができない。申し訳ない気持ちになりながら、京都大学の研究室での飼育方法を、改めて詳しく教えてもらった。これまでに何度も確認した通り、飼育している温度も水の組成《そせい》も、餌のあげ方や頻度も、そっくりそのままだった。いったい何が悪いというのだろう。児玉先生と一緒によく考えてみると、一つ見落としている点があることに気がついた。

京都大学の研究室では、インキュベーター内に明暗のサイクルをつくっているという。一二時間ライトで照らし、一二時間は暗くしているというのだ。プラナリアは、普段石の裏で生活している。光の環境は関係ないはずだと思い、インキュベーター内を常に暗くしていた。大学の研究室と同じように、一二時間ライトをつけて明るくしたところ、驚いたことに、プラナリアたちは元気になって、殖《ふ》え始めた。一二時間明るくし、一二時間暗くする。二四時間の周期をつくっただけである。プラナリアたちが健康に生きるには、一日二四時間のサイクルが大切なのだろうか。

体内時計

私たちは、二四時間のサイクルの中で生きている。なぜなら、一日の長さが二四時間だからだ。

私が住んでいた山口県の実家は、周りに高い建物がなく、一日のなかで、太陽が空を移動していく様子がよく分かった。東の方向に位置する山から顔を出した太陽は、南の空高くへ昇り、西の空へと沈んでいく。鮮やかな夕焼けのあと、夜の暗闇が訪れ、翌朝にはまた、東の空から明るくなる。

人類は、空を移動する太陽にもとづいて、「時間」という概念を生み出した。時計を開発し、時間を確認する習慣がついた。時間にもとづいて行動しようとするのだ。でも、もし時計というものがこの世に存在しなかったとしたら、私たちは二四時間の周期で生活するのだろうか?

海外に行くと、時差ボケを経験する。日本から欧米に向かうと、向こうの方が日本より時刻が遅れているから、夜は早い時間に眠くなって、朝早くに目が覚める。時差ボケは、なぜ起きるのだろう? けっして腕時計の時間がずれるためではない。時差ボケが起きるのは、体の中に宿る体内時計の時間がずれてしまうからだ。

体内時計の存在を示唆した最初の報告は、今から三〇〇年ほど前まで遡る。一八世紀初頭、フランスで天文学を研究していたド・メランは、オジギソウという植物でみられる興味深い現象を報告した。オジギソウは葉を閉じて、まるでお辞儀をするかのように、葉の柄を垂れ下げることがある。オジギソウに触れるなどして、接触刺激が加わったときに葉を閉じるのだ。さらに、夜暗くなると葉を閉じ、朝になって太陽が昇ると再び開くという変化を、毎日くり返す。

ド・メランが報告した現象は、次のようなものだ。オジギソウを日の当たらない箱の中に入れてみる。するとおもしろいことに、太陽の光が当たっていないにもかかわらず、夜になると葉を閉じ、夜が明けると開くという葉の開閉のリズムをくり返した。単に太陽の光に反応して葉を開閉させているのではない。オジギソウがもつ、時間をカウントするしくみ、つまり体内時計によって葉を開閉させていたのだ。

そんな不思議なしくみが備わっているのは、オジギソウだけではない。一九六〇年代になり、ドイツのマックス・プランク研究所で研究していたユルゲン・アショフらは、防空壕の中につくった隔離実験室でヒトを対象にした実験を行った。外が昼なのか夜なのか分からない環境で、ヒトはいったいどのような行動パターンを示すのか——。

そんな環境でも、被験者は内在する体内時計にもとづいて、概ね二四時間のサイクルで生活する。こうした体に宿る時計のしくみは、シアノバクテリアという光合成を行う細菌の一種からヒトに至るまで、じつにさまざまな生き物に存在することが分かっている。

体内時計は、いったいどんなしくみで時間を測っているのだろう？　一九七一年、アメリカ・カリフォルニア工科大学のシーモア・ベンザーとロナルド・コノプカは、体内時計のしくみに関するとても重要な発見をした。体内時計が二四時間を測るしくみが、遺伝子によることを見出したのだ。

キイロショウジョウバエ（*Drosophila melanogaster*）というハエの一種の遺伝子を変異させたところ、二四時間の周期が大きく変化した。二四時間の周期が一九時間に短くなったり、二八時間に長くなったり、あるいはまったく周期性が見られなくなったのである。

細胞という工場で

まず、遺伝子とは何かということを考えてみたい。

私たちの体は、細胞によって形作られている。細胞という小部屋が無数に集まることで、臓器や器官ができているのだ。第一章で言及したように、細胞は細胞膜という膜によって、細胞の内外が隔てられている。脳にある神経細胞や、皮膚の上皮細胞、筋肉繊維をつくっている筋細胞など、形状や機能はさまざまだが、基本的な構成は同じだ。

例えば、赤血球という例外を除いて、どんな細胞にも、核と呼ばれる区画が存在している。核には、私たちの遺伝情報であるデオキシリボ核酸（DNA）という物質が保管されている。「ゲノム」という言葉をよく耳にするが、それは核の中に貯蔵されているDNAの総体を指す。DNAは、私たちが生命として存在し、機能するために必須の情報だ。つまり、生命の〝設計図〟である。

細胞の内外では、タンパク質が機能している。タンパク質は、アミノ酸と呼ばれる化合物が数珠つなぎのようにしてつなげられた構造であり、私たちの血肉を構成し、機能させている実体である。タンパク質は、細胞内で合成され、一部は細胞外へ分泌される。

遺伝子とは、これらタンパク質の設計情報となるDNA配列のことである。ヒトには二万個強の遺伝子があって、それぞれが異なるタンパク質の設計情報である。では、設計図である遺伝子（DNA配列）から、どのようにしてタンパク質がつくられるのか？　一つの細胞を、タンパク質を製造する工場に喩えて考えてみたい。

工場内には、他のエリアとは区画されたデータ保管センター（核）があり、タンパク質をつくるための設計図（DNA）が大切に保管されている。工場ではたらく人々の仕事は、大きく二つに分けられる。①データ保管センターで設計図のコピーを取って製造部門に送る仕事（コピー担当）と、②送られてきた設計図のコピーにもとづいてタンパク質をつくる仕事（製造担当）である。この設計図のコピーは、リボ核酸（ＲＮＡ）という物質であり、とくに情報を伝令（メッセージ）することから、メッセンジャーＲＮＡと呼ばれる。コピーが製造担当に渡されると、製造担当はコピーの情報をもとに、原料であるアミノ酸からタンパク質を製造する。ちなみに、コピーは永久的なものではなく分解されていってしまうため、コピー担当は、常にコピーを取り続けなければならない。設計図（遺伝子）の種類は二万個以上あるから、各々コピーが取られ、製造が行われている。コピー担当も製造担当も、大忙しだ。

細胞の種類が違えば、遺伝情報も異なりそうな気がするが、実際のところ、私たちの体にあるどの細胞をとってきても、核に貯蔵されている遺伝情報（ＤＮＡ）は、基本的にそっくり同じなのである。

それでは、どうやって神経細胞や上皮細胞、筋細胞など、異なる機能をもつ細胞になるのかというと、細胞の種類ごとに、どの設計図が、どれくらいコピーを取られ、どれくらい製造されるのかが異なっているのだ。この差異によって、細胞は皆同じ設計図をもっているにもかかわらず、異なるはたらきをもつ細胞に分化する。

時を刻む遺伝子

一九七〇年代、ショウジョウバエを用いてベンザーとコノプカが明らかにしたのは、遺伝子変異があると、体内時計の周期が変わるということだった。いったいどのようにして、遺伝子が二四時間の長さをカウントしているというのだろう。

これまでの研究で、二万個以上ある遺伝子のうち、時計遺伝子と呼ばれる一連の遺伝子が、体内時計に関与することが明らかになった。重要な時計遺伝子の発見に貢献したマイケル・ロスバッシュ、ジェフリー・ホール、マイケル・ヤングの三名は二〇一七年、その功績でノーベル生理学・医学賞を受賞している。

細胞の中で、時計遺伝子が体内時計をつくり出しているしくみは、詳しく説明すると複雑になってしまうので、ここではそのエッセンスを紹介したい。

時計遺伝子も他の遺伝子と同様に、設計図のコピーが取られ、コピーをもとにしてタンパク質がつくられる。時計遺伝子の情報にもとづいて、時計タンパク質がつくられるのだ。時計タンパク質の製造が進むと、工場内に時計タンパク質が溜まってくる。すると、溜まった時計タンパク質は迷惑なことに、コピー担当の作業を邪魔するのだ。設計図のコピーは永久的なものではなく、分解されていくため、しだいに時計タンパク質の新たな製造が

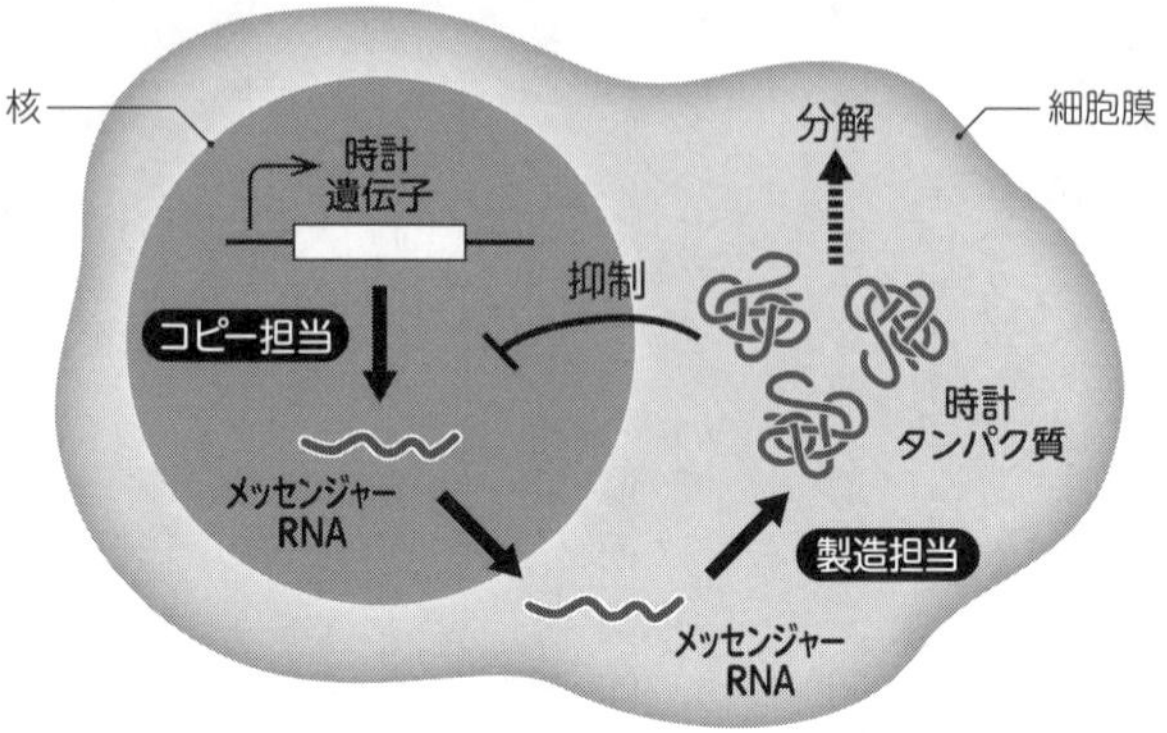

細胞内で時計遺伝子が24時間のサイクルをつくり出すしくみ

ストップする。

重要なのは、工場内に溜まった時計タンパク質もまた、常に分解されているということだ。時計タンパク質の製造がストップしているなか、分解が進むことで、時計タンパク質の量は減っていく。そうすると今度は、時計タンパク質が邪魔していた、コピー担当の作業が再開される。再び、時計タンパク質の製造が始まるのだ。

このサイクルが、ずっとくり返される。そして、一サイクルの長さが、二四時間なのだ。サイクルにもとづいて、時計タンパク質だけではなく、それ以外のさまざまなタンパク質の量と質が、時間に応じて変動する。それにより、細胞の機能、ひいては個体の機能が、一日のなかで変化する。

また、二四時間のサイクルは光によって調整され得る。光によって、「時刻合わせ」が行われるのだ。海外に行って時差ボケになっても、しだいに解消されるのは、この「時刻合わせ」のしくみのおかげである。私たちの体のあらゆる組織に、時計遺伝子による体内時計のしくみが備わっている。もちろん脳にも体内時計が存在していて、なかでも視《し》交叉《こうさ》上核《じょうかく》と呼ばれる脳の領域が、全身の体内時計の中枢なのだ。

睡眠も、体内時計によって調節される。例えば、眠る時間が極端に前倒しになったり、あるいは遅れたりする疾患がある。家族性睡眠相前進・後退症候群と呼ばれるものだ。その患者には、時計遺伝子に変異がみられる。「いつ眠るのか」のタイミングは、体内時計によって調節されていると言えよう。

私たちヒトは、夜に眠ることが多い昼行性の動物だ。シフト勤務をしている人もいるが、多くの人々は昼間に起き、夜に眠ろうとする。その理由の一つは、私たちの視覚能力が、昼間の明るい環境の方を得意としているためだ。

江戸時代の日本では、皆今よりもずっと早寝早起きだったと言われる。夜は日が沈んだ午後七〜八時頃には就寝し、朝の四〜五時には起きて活動していた。今ほど夜の灯りが明るくなかったからだ。外が明るい時間に活動し、ひとたび暗くなれば就寝するという、とても健康的な生活を送っていた。現代のように、これだけ照明が普及しているのなら、皆こぞって夜に眠る必要はないような気がするが、それでも私たちは、夜遅くになると眠気を覚え、眠らなければならないように感じる。

ヒト以外の生き物に目を向けると、必ずしも皆、夜に眠るわけではない。例えば、実験に用いられることの多いマウスは、夜行性である。マウスを飼育している部屋に昼間入ると、彼らは穏やかにすやすや眠っていることが多いが、夜に飼育室へ行くと、とても活発だ。繁華街などでも、夜には活動的なネズミを見かけることがある。昼に活動する生き物と夜に活動する生き物——その違いは、何なのだろうか？

睡眠の二過程モデル

一日の中でいつ眠り、いつ目を覚ますのか？　夜に眠くなるのはなぜか？　そんな謎を説明する理論が、一九八〇年代にスイスのアレキサンダー・ボルベイによって提唱された。「睡眠の二過程モデル」と呼ばれる理論だ。この理論はその後、さまざまにアップデートされてきたが、睡眠が「睡眠圧」と「体内時計」という二つの成分によって調節されているという点は一貫している。

「睡眠圧」は起きている代償として、高まるものである。起きている間に高まった「睡眠圧」が、眠ることで解消される。もし、「睡眠圧」だけで、睡眠がコントロールされていたとしたら、私たちは昼も夜も構わず、眠気が一定のところまで溜まった途端に、眠りに落

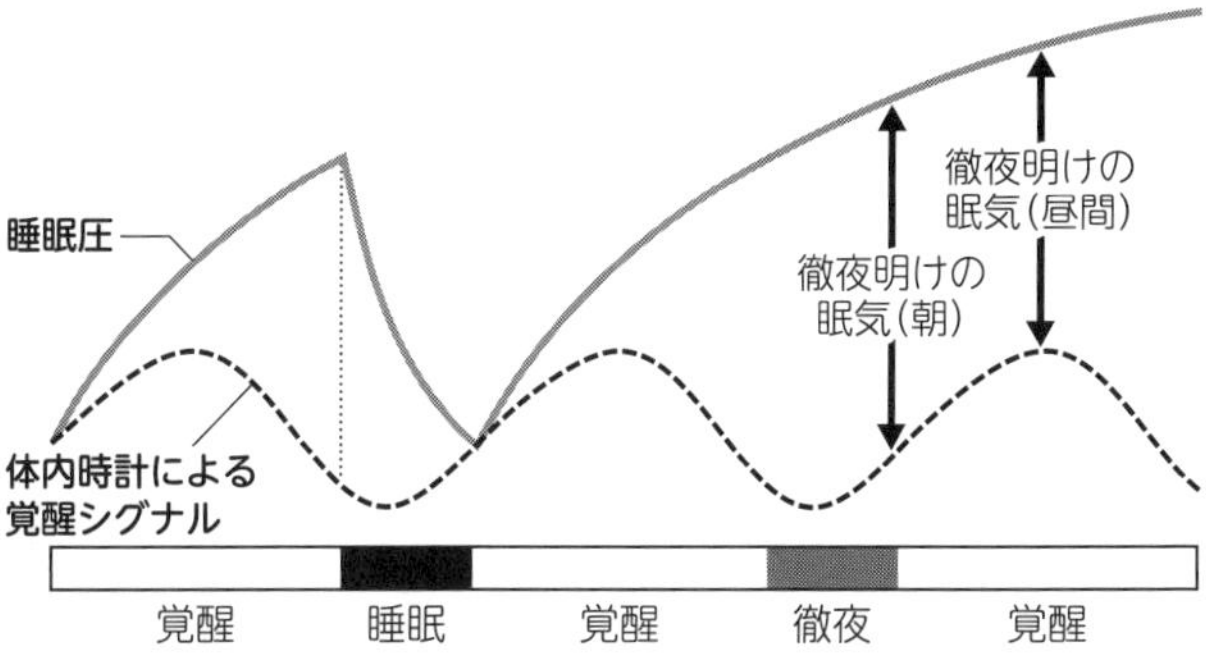

睡眠の二過程モデル

ちてしまうことだろう。「睡眠の二過程モデル」では、「睡眠圧」と「体内時計」の掛け合いによって、眠りにつくタイミングが決まるとした。

「睡眠圧」が眠らせようとする力であるのに対し、「体内時計」の成分は、起こそうとする力（覚醒シグナル）だとすると、うまく説明できるのだ。

昼間、起きている状態が続くと、「睡眠圧」（眠らせようとする力）が徐々に高まっていく。「体内時計」による起こそうとする力は、朝から昼にかけて高まるが、その後はしだいに低下していく。そして、「睡眠圧」（眠らせようとする力）から、「体内時計」（起こそうとする力）を差し引いたものが、実際の眠気だと考えたのだ。すると、眠気は朝の時点ではゼロだが、起きている時間が長くなり、さらに夜になって「体内時計」の力が下がると、どんどん増大していく。そして、この眠気が十分大きくなったときに、眠りに落ちるのだ。眠りにつくと、「睡眠圧」は解消される。「睡眠圧」が十分低下したとともに、明け方になって「体内時計」の力が高まると、差分である眠気がゼロになって、再び目を覚ますというしくみだ。

では、もし徹夜をしたとすると、どうなるのか？ 徹夜明けや、夜にあまり眠れなかったときのことを、思い出してほしい。徹夜明けの朝方は眠くて仕方なかったのが、昼間になってくると、少しは我慢できると感じたことのある人がいるかもしれない。

「睡眠の二過程モデル」にもとづいて考えてみると、夜眠らなかったことで、「睡眠圧」は解消されることなく前の日から高まり続けている。「体内時計」の成分に目を向けると、明け方は起こそうとする力が弱いため、「睡眠圧」との差分（眠気）が大きい。しかし、昼間になって「体内時計」の覚醒シグナルが上昇すると、眠気が少し軽減されるのだ。

ボルベイの提唱した「睡眠の二過程モデル」は、これまで睡眠科学の基礎になってきた。遺伝子が時を刻んでいる「体内時計」と、未だ得体の知れない「睡眠圧」——二つの成分によって睡眠が調節されている。

第四章　ヒドラという怪物

植物のような動物

高校時代には研究に熱中して、受験勉強を始めるのが遅すぎた。学習塾にも通うこともなく、学校の勉強の時間も惜しんで、研究をしていたのだ。

高校三年生になって、担任だった児玉伊智郎先生から「そろそろ研究でなく、勉強した方がいいぞ」と諭《さと》され、ようやく受験勉強をはじめた。しかし大学受験は、試験前の一夜漬けのような勉強では、なかなか難しい。今となれば、もう少し真面目に勉強していればよかったと思っている。

それでも慣れない勉強を頑張って、なんとか九州大学の理学部生物学科に入学することができた。大学でも生物学を研究するかは、かなり迷っていた。高校生までの知識や、当時の環境で研究をするには、生物学がちょうどよかったのだが、大学に入学してからはもっと幅広い分野を勉強してみたいという思いがあった。そんな考えから、児玉先生に不思議がられながらも、高校では選択科目で生物ではなく、物理と化学を選択していた。

それでもやはり、大学の出願先を決める際には、これまでのクロアゲハやプラナリアの研究の記憶が蘇ってきた。生き物たちの織りなす現象を解明する――私自身が、最も興味をもち、夢中になれることだ。生物学という学問自体も、これから新しい技術が取り入れられ、ますます発展するだろう。大学で、より本格的に生物の研究をしようと決意した。

退屈していた受験勉強からも解放されて、ようやく好きなように研究ができる。私は、期待に満ち溢れていた。大学四年生で行う卒業研究までは待ってはいられないと、児玉先生に相談をして、九州大学で生物学を研究している先生を紹介してもらうことになった。

紹介していただいた先生からメールが届き、入学式の数日後には、研究室へ伺うことになった。四月なのに、まるで梅雨の終わりのような大雨が降っていて、研究棟にたどり着くまでに足元はびしょ濡れになっていた。傘をたたんで建物に入り、階段を昇る。長い廊下を進んでいくと、メールに記載されていた番号の部屋を見つけた。ひと呼吸おいてから、恐る恐るノックをしてみる。ドアがゆっくりと開き、優しそうな笑顔を浮かべた初老の男性が、部屋のなかへ招き入れてくれた。九州大学で生物学を教えていた小早川義尚《こばやかわよしたか》先生だ。

部屋に入ると、もの珍しそうに「本当に大学一年生なんですよね?」と訊かれた。少し雑談をしてから、ぜひ研究室で研究したいと話したところ、もし興味があるのなら自由に研究してよいということだった。「うちの研究室には、たくさんヒドラがいるから、観察するだけでも楽しいと思いますよ」。彼は笑顔で、そうつけ加えた。

小早川先生は、同じフロアにある実験スペースを案内してくれた。最初に案内されたのは、「生物飼育室」という名の部屋だった。やや広めのリビングルームくらいの広さだろうか。細長くて奥行きのある部屋の両脇には、黒い天板の実験台が備え付けられている。部屋には窓があるが、外の光が入ってこないようにブラインドカーテンが取りつけられ、薄暗い。実験台の前には黒い丸椅子が並んでいて、部屋の奥側には、生物サンプルを保管するための大きなインキュベーターがある。

小早川先生が、インキュベーターの扉を開くと、中にはグラスよりもやや小さなビーカーがたくさん並んでいた。彼は、そのうちの一つを取り上げると、私に見せてくれた。ビーカーの側面や底面には、小さな糸状の物体がたくさん付着している。長さは一センチメートルにも満たないほどだ。ビーカーを動かすと、水の動きにまかせて一緒に揺れ動く。いくつかは、水面に浮かんで漂っていた。

彼は汲み置きしてあった水を、プラスチック製のシャーレに注いだ。スポイトを使って器用に、その物体をビーカーの中から吸い上げ、丁寧にシャーレへ移した。シャーレを、実験台の上に置かれていた実体顕微鏡と呼ばれる顕微鏡のステージに置く。そして、顕微鏡のライトのスイッチを入れ、接眼レンズを覗きながらピントを合わせていった。

彼に促されて、私も顕微境のレンズを覗いてみると、ある生き物の姿が見えた。細長い筒のような胴体に、七〜八本ほどの細い触手をつけている。植物なのか、動物なのか、すぐには見分けがつかない。

じっくり観察していると、それが植物ではないことに気がつく。胴体の部分が、伸びたり縮んだりするのだ。胴体を長く伸ばしてリラックスしているかと思えば、何かの拍子に縮こまって、まるでボールのように丸まる。触手がついているのとは反対側、つまり足にあたる部分からは、粘液のようなものを分泌しているのだろうか。シャーレの底面にくっついて、離れなくなるようだ。すると今度は、くっついた部分——足の部分を基点に、触手をたなびかせながら胴体をダイナミックに動かす。

それは、植物などではない。体を自在に動かす「動物」だ。

小早川先生が研究していたのは、ヒドラと呼ばれる生き物である。〇・五〜一センチメートルほどの体の大きさで、刺胞《しほう》動物に分類される。れっきとした動物なのだ。刺胞動物の仲間には、クラゲやイソギンチャク、サンゴなどがいる。刺胞動物たちは海に棲んでいるものがほとんどだが、ヒドラはめずらしく淡水に棲んでいて、日本を含め、世界各地の池や水路などに生息している。

「刺胞動物」と呼ばれるゆえんは、彼らの体にある刺胞と呼ばれる針のような構造だ。夏に海水浴場にあらわれてやっかいなクラゲたちがもつ毒針も、刺胞である。ヒドラの触手には刺胞が密に存在し、餌を捕まえるのに役立っている。

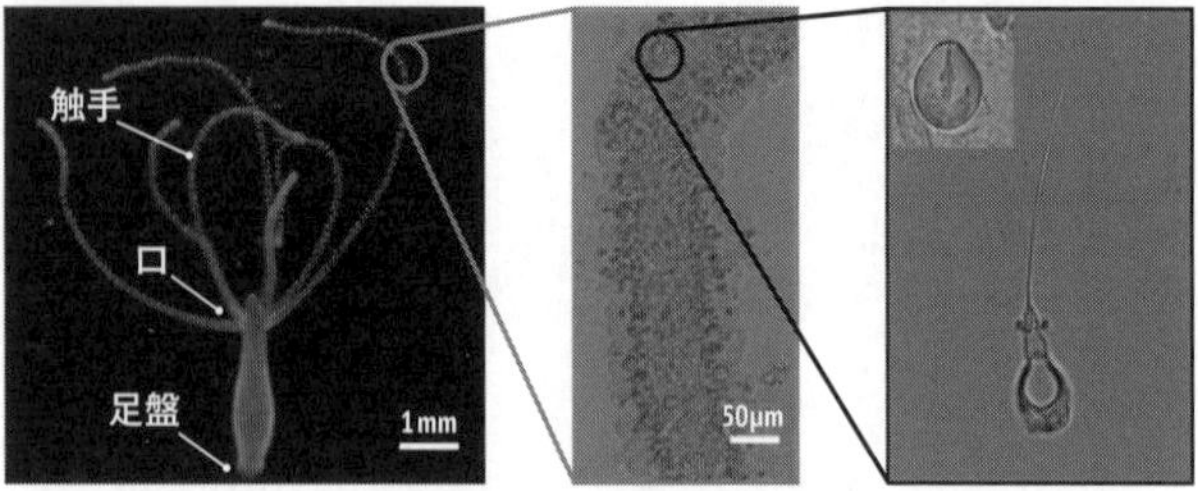

ヒドラの全身（左）と、触手の拡大図（中）、発射された刺胞（右）

ヒドラは、自然界ではミジンコなどの小さな生き物を捕まえて食べているらしい。実験室では、アルテミアと呼ばれる甲殻類の仲間（ブラインシュリンプと呼ばれることもある）の幼生を与える。乾燥したアルテミアの卵を、海水と同じ塩分濃度の水のなかで孵化させ、真水で洗った後、スポイトで少し吸ってヒドラに与える。水の中を泳ぎ回るアルテミアが、ヒドラの触手に触れると、動きが止まる。ヒドラの触手にある刺胞は、外から物理的な刺激が加わると、勢いよく針が発射されるしくみになっているのだ。針は、顕微鏡を使ってようやく見えるほど小さく、人間にとってはまったく無害なものであるが、アルテミアにとっては大きな脅威となるようだ。触手に触れたアルテミアが息絶えて動かなくなると、ヒドラの触手がみるみるうちに丸まって、アルテミアが触手の付け根まで運ばれる。すると、それまで目立たなかった口が開き、胴体の中へ取り込むのだ。

私は、あまりに不思議な生物・ヒドラに、釘付けになった。

二人の父

小早川先生は、日本でヒドラを研究している、数少ない研究者の一人だった。ヒドラは現在、生物学の研究者たちがこぞって研究する対象ではない。しかし、かつてヒドラの研究が花形だった時代もあった。ヒドラは、生物学の黎明とともにあった生き物なのだ。

生き物の体を形作っているのは、細胞である。例えば、ヒドラの体は数万個程度の細胞によって構成されている。胴体も触手も、細胞が集まってできている。刺激を感知して発射される刺胞も、刺胞細胞という一つの細胞なのだ。

生物を研究すること、それは細胞を研究することでもある。細胞を研究するには、細胞を視ることが不可欠だ。しかし残念なことに、細胞を肉眼で見ることができない。私たちの視力の最小分解能が、一〇〇マイクロメートル（一ミリメートルの一〇分の一）程度であるのに対し、細胞の大きさがそれより小さいからだ。

一七世紀後半、オランダで織物商を営んでいたアントニ・ファン・レーウェンフックという人物がいた。レーウェンフックは、洋服の生地の品質を確認するために、ルーペを用いていたが、もっと細かな構造を見ることはできないだろうかと考えた。そんな彼は、小さなガラスの球体を磨き上げてレンズにし、とても簡素な顕微鏡をつくり上げた。一見すると、ルーペと変わらないようにも見えるが、顕微鏡の倍率は三〇〇倍ほどもあったという。

レーウェンフックは、科学者ではなかったが、強い探求心をもっていた。自作した顕微鏡で彼が観察したのは、洋服の生地だけではなかった。水たまりの水を採ってきては、その中にいる小さな生き物たちを観察し、ときに動物の血液や歯に付着している歯垢まで、ありとあらゆるものを見た。肉眼では見ることのできない〝小さな世界〟を目の当たりにしたのだ。彼は発見した微生物をanimalculesと呼び、論文として報告した。今日、レーウェンフックは〝微生物学の父〟と呼ばれている。

彼が一七〇二年に残した文章には、ある生き物の精密なスケッチが添えられている。細長い胴体に、触手をもつシンプルな体のつくり。触手には、刺胞が備わっている。そう、それこそが、ヒドラである。

レーウェンフックは水辺でヒドラを見つけ、つぶさに観察した。胴体を伸び縮みさせ、ときに触手を動かすヒドラの様子が記されている。それだけではない。彼の観察眼は、科学者さながらだった。ヒドラが、どのようにして殖えるのか──。オスのヒドラとメスのヒドラがいるわけではなく、一匹の親ヒドラの胴体から、子のヒドラが新枝のように出てきて成長し、分離していく。彼は、そんな記録を残した。ヒドラという生き物は、〝微生物学の父〟によって見出されたのだ。

ヒドラには、もう一人の〝父〟がいる。レーウェンフックと同じオランダで家庭教師をしていたアブラハム・トランブレーだ。レーウェンフックがヒドラの記録を残した後、トランブレーも、水路の水草に付着しているヒドラを発見する。彼もまた、ヒドラを採集し、どんな行動をするかを観察した。彼は、ヒドラが光の強い場所を好み、明るい場所へ向かって移動していくことを発見した。ヒドラは胴体の足にあたる部分から粘液を出し、普段は何かに付着して生活しているが、ときに足を剝がし、触手を巧みに使って、まるでしゃくとり虫のように歩いて移動することがある。

さらにトランブレーは、ヒドラがもつ〝特殊能力〟を見出した。彼はあるとき、ヒドラの体を切り刻んで、バラバラにしてみたのである。普通の生き物は死んでしまうだろう。しかし驚くべきことにヒドラは、切り刻まれた小さな断片からでも、体全体を再生させたのだ。

私が高校生のときに研究していたプラナリアのように、ヒドラはとても強い再生能力をもっている。ヒドラは二つに切断すれば、二つの個体になるし、四つに切断すれば四つの個体になる。切断した断片のそれぞれが、数日の間に完全体に再生するのだ。さらに体を擦りつぶして細胞同士をバラバラにしたとしても、それを一箇所に固めて置いておくと、新たな個体が形成される。その旺盛な再生能力を利用して、トランブレーはヒドラの体を切断し、異なるヒドラから得られた断片を器用につなぎ合わせ、まるで接ぎ木のようにして、新しい個体をつくることにも成功した。

彼は〝実験生物学の父〟と呼ばれている。生物の体に細工をほどこして実験をするという生物学の方法論は、ヒドラから生まれたといっても過言ではない。

ヒドラがもつ類い稀な再生能力は、生物学者たちを魅了した。私たち人間は、ひとたび体の一部を失うと、再生させることができない。どのようにすれば体を再生させることができるのか？　ヒドラからヒントを得ようとしてきた。

ヒドラの体には、interstitial cell（i-cell）と呼ばれる幹細胞が存在し、再生能力の源になっている。二〇一五年に報告された論文では、同じヒドラの集団を八年にわたって追跡調査したところ、老化の兆候をほとんど示さないことが分かった。驚くべきことに、一四〇〇年以上生き続ける個体がいるという推定もある。

ギリシャ神話には、ヒュドラーという名の恐ろしい怪物が登場する。ヒュドラーは、一つの胴体に蛇のような首を九つもっていて、首を切り落としても、何度でも生えてくる。ヒドラという名は、このヒュドラーにちなんでいるらしい。たしかにヒドラのシルエットは、九つの蛇の頭をもつヒュドラーを彷彿《ほうふつ》とさせる。しかし似通っているのは、シルエットだけではない。体を切り刻まれても擦りつぶされても再生し、老化せずに生き続ける。ヒドラは、〝不死身の怪物〟なのだ。

ヒドラが動かなくなる

この怪物のような、少し変わった生き物を前にして、私はどんな研究をしようかと心を躍らせた。

小早川先生の研究室を初めて訪れた後、それまで土砂降りだった雨も止み、大学内の図書館に立ち寄ることにした。大学のサーバーを通じて、ヒドラに関する論文を調べることにしたのだ。時間を忘れ、図書館の閉館のアナウンスがあるまで論文を読み漁っていた。その週末の土曜日も日曜日も図書館に通い詰め、ヒドラについて徹底的に勉強した。受験勉強とは違って、内容がすいすい頭に入ってくるものだ。翌週になって、小早川先生に論文で読んだ内容を話すと「すると君は論文を読んで、一人で研究ができるということですね」と言われ、テーマを決めて研究を始めることになった。

それからというもの、私は大学の講義が終わると研究室へ足を運び、実験をするようになった。ヒドラを擦りつぶして細胞をバラバラにし、顕微鏡で観察をしたり、ヒドラからＤＮＡを抽出して配列を決定したり……生物学の基本的な実験操作だが、私にとってはとても新鮮な体験だった。毎日のように夜遅くまで研究に取り組んだ。

一年生を終えた春休みには、それまで取り組んでいた研究をまとめ、論文として発表することになった。論文に必要な実験データを取得するために、毎日のように研究室に通い詰めていると、小早川先生からは「大学生は長期の休みで旅行に行ったりするけれども、君は大丈夫ですか？」と心配されていた。

春休みも終わりに近づいた、三月下旬のことである。その日も実験室で、ヒドラの世話をしていた。いつものようにヒドラに餌のアルテミアを与えていると、ふと気になることがあった。アルテミアが触手に触れると、ヒドラたちはそれを捕まえて食べはじめる。しかし、ビーカーの底で倒れるように動かなくなっていて、なかなか餌に反応しないヒドラがいた。

お腹がいっぱいなのかもしれない。最初はそう思ったが、どうやらそうでもなさそうだ。しばらく経った後に同じヒドラを見てみると、餌を飲み込んで胴体をふっくらとさせている。なぜ、さっきは食べなかったのだろう。ヒドラも、ときにはぼーっとしているのかもしれない。

さては、ヒドラも眠くなることがあるのだろうか——。

ピペットを片手に持ちながら、そんなことを考えていたら、気づかないうちに異なる系統のヒドラをコンタミネーション（混入）させ、同じビーカーに入れてしまった。せっかく用意した実験用のサンプルだったのに……。

私は単純な実験作業をしていると、ついつい頭がそこから離れて妄想にふけり、気がついたときにはミスをしていることがある。そのときも、「もったいないことをしたな」と思った。でも、「ヒドラも眠くなるかもしれない」という妄想は、なかなか頭から離れなかった。

研究室というところ

大学や研究所には、研究室という制度がある。研究分野によっても異なるが、自然科学の場合だと、研究室には主宰者と呼ばれる人がいる。英語では、principal investigator。頭文字をとってＰＩと呼ぶこともある。研究室では、各メンバーが、それぞれ別個のプロジェクトをもって研究をしていることが多い。ＰＩは、それらの研究の監督者なのだ。例えば大学において、教授はＰＩにあたる。日本の大学の研究室にはＰＩのほかに、准教授や講師、助教がいて、さらに研究を専門業務とする研究員がいる。それ以外にも、大学院生や学部生が所属している。

研究室での研究プロジェクトは、どのようにして始まるのだろう？　研究の最初のアイデアは、ＰＩが発案することが多い。ＰＩの大切な仕事の一つは、研究を行うのに必要な研究費を確保することだ。大学の研究室では、好きなように研究費が使えるわけではない。

「○○を明らかにするために、○○のような実験を行う予定で、そのためには○○万円の資金が必要である」といった申請をして採択されれば、研究費が支給されるしくみになっている。採択までには審査があり、申請をすれば必ず支給されるわけではない。

こうしたことから、研究のプロジェクトは、PIが申請して採択された研究費の研究内容に沿ったものとなる。研究室のメンバーが、独自にアイデアを思いついて研究をはじめることも少なからずあるのだが、研究室で行われている研究から大きく逸脱した内容を研究するのは稀だ。その理由としては、研究室にある設備や、研究者自身の専門性、さらに研究費をどう工面するのかという問題がある。私も大学院生らとともに、当時小早川先生が専門としていたヒドラの細胞内で緑藻《りょくそう》が共生するしくみを研究していた。

ヒドラも眠るのか？

ヒドラも眠くなることがあるのだろうか――。ビーカーを眺めていて浮かんだ疑問は、脳裏に刻み込まれたままだった。二年生になって大学で講義を受けているときにも、ついつい気になってノートパソコンで睡眠について調べ始める。家に帰ってテレビを見ていても、気がつけばスマートフォンで、動物の睡眠について調べていた。そして、ヒドラの睡眠について研究したいと考えるようになった。

ヒドラも眠るのか？　とても興味深いことだが、はたしてそれは生物学で検証することのできる問題なのか。生物学というよりは、もはや哲学の話かもしれない。最初はそう思っていた。でもいろいろ調べていくうちに、ある考えが浮かんできた。

体内時計に関していえば、体内時計の制御を担う時計遺伝子の存在が分かっている。ヒドラの体内時計について研究すれば、「ヒドラも眠るのか？」という問題も、少しは現実的になるのではないか。

小早川先生はよく、実験室でヒドラの世話をしていた。大学教授という職業は、とても忙しい。そんななかでも、彼は自らの手でヒドラに餌をあげ、水替えを行い、ビーカーの洗浄をしていた。彼は「これは私の趣味なんですよね」と言っていた。

いつものように小早川先生が実験室で水替えを行っているとき、私は「ヒドラの体内時計について研究してみたい」と、話してみた。専門とは異なる研究を提案するのは、なんとなく気が引けた。研究室で専門としている研究に集中するのが本来だろう。その当時、私は体内時計に関する知識は素人同然だったし、おそらく小早川先生も体内時計の研究を詳解されていなかっただろう。いろいろ悩んだが、ショウジョウバエの体内時計の研究をしていた伊《い》藤《とう》太《た》一《いち》先生が、偶然近くの実験室に越してきて、いろいろ話を聞くうちに、研究の具体像が描けるようになったのだ。

小早川先生は私の話に、興味深そうに耳を傾けてくれた。彼は「ヒドラの概日リズム（体内時計の意）については、まったく聞いたことがないなぁ」と言って、しばらく考え込んだ後、「好きなように研究していいですよ」と言われた。今思えば、あまり興味をもってもらえなかったのかもしれないが、ヒドラに関わることなら、なんでも自由に研究してみようというのが、彼のスタンスだったのだ。研究室からの帰り道、私はすごく嬉しい気分になって、今後の研究計画を考えた。

私が研究を開始した二〇一七年当時、ヒドラの体内時計について報告した論文はなかった。ただ、その数年前に発表されたヒドラのゲノム（DNA配列の総体）の解読を報告した論文には、ほかの動物がもっているような時計遺伝子が、ヒドラには存在しないことが記載されていた。そこに書かれている通り、もし本当にヒドラが時計遺伝子をもっていないのであれば、やはり体内時計は存在しないかもしれない。しかし、「それならそれでおもしろい」と思っていた。

それは、まだ誰も検証をしていないことである。誰も足を踏み入れたことのない砂漠のようだ。道しるべはないが、思うままに冒険をして、人類未踏の地に足跡を残すことができる。

行動を描く

クロード・モネという偉大な画家がいる。一九世紀から二〇世紀にかけて活躍した、印象派を代表するフランスの画家だ。モネの作品には、連作として同じモチーフを異なる時間帯や異なる季節に描いたものがある。モネは一八九二年から一八九四年にかけ、ノルマンディー地方のルーアンにあるノートルダム大聖堂をモチーフに作品を制作した。「ルーアン大聖堂」と名付けられた作品は、三三点に及ぶ連作である。どれも、大聖堂のファサード（正面）を同じ構図で描いたものだが、一つひとつ異なる色相で、特有の雰囲気を醸し出している。

クロード・モネ　「ルーアン大聖堂」

夜が明けてすぐ、まだ薄暗い中に佇む大聖堂や、青空の下の大聖堂。午後になって日が傾いてきたときの様子から、日没の様子まで――。曇っているときや、霧がかかった大聖堂が描かれた作品もある。時間帯や天候によって、印象はまったく異なるのだ。「同じ風景でも、三〇分もすれば色合いが変わる」。モネは生前、そう語った。

ヒドラは、毎日どんな一日を過ごしているのだろう？　最初に思い付いたのは、ヒドラの一日の行動を観察してみることだった。一日のなかで移り変わるヒドラの姿を、モネのように描いていけばよいのではないか。

ヒドラの動きは、とてもゆっくりである。しかし、体の形を変えながら、かなり複雑な動きをする。ヒドラの姿を一日中デッサンし続けるわけにはいかないが、カメラで数秒おきに撮影し、前の姿と変わっているかどうかを比べていけばよいのではないか。もしヒドラが動かなければ、その姿は前の写真とそっくり重なるだろうし、動いていれば、重ならずに差分が生まれるだろう。古典的ではあるが、効率のよい画像処理の方法だ。

そんな考えをもとにして、すぐに実験に取りかかろうとしたが、大きな問題に直面した。体内時計の解析をするには、少なくとも数日間にわたってヒドラの行動を記録する必要があるだろう。解析に影響を与えるかもしれないノイズを排除するには、外から隔離された環境を用意して、光の強さや温度を一定に制御し、昼夜の環境サイクルをつくり出す必要がある。十分なクオリティーの撮像を行うための機材も用意しなければならない。

小早川先生の計らいで、まったく自由に研究を進めることができたのだが、自由であることには、厳しさが伴っていた。研究室には、この実験に必要な設備がすべてあるわけではない。そして何より、実験を行うための研究費がなかった。アイデアはあるが、実現するための設備がない。そんな私がまず行うべきだったのは、研究費を工面することだった。

それから私は、いくつかの研究費助成に応募し、ありがたいことに大学から支援してもらえることになった。そして、やっとのことで実験の設備を整え、ヒドラの行動を撮像するシステムを構築していったのだ。これでようやく研究が進む。一ヵ月もあれば、データを取得することができるだろう。

その見通しが、経験の少なかった私の楽観的な考えに過ぎなかったことは、すぐに分かった。まず、ヒドラをうまく撮像することができなかった。ヒドラは半透明な体をしているから、背景と区別がつきにくかったのだ。いろいろ工夫をしてみるが、なかなか撮影の条件が固まらない。結局のところ、ひょんなことからホームセンターで購入した容器にヒドラを入れて撮影すると、うまく撮像できることに気がついた。それをもとにして撮影条件の検討を行ったが、条件を決めるまでに半年くらいを要した。研究はいつも、試行錯誤の連続である。カメラの設定だったり光の当て方だったり、容器の材質だったり、生物学とはまるで関係ないような細かなことを調整しながら、トライ&エラーをくり返した。

撮影したデータを解析するためのシステムも開発していった。撮像したデータを見比べる画像処理の技術だ。技術ができ上がり、得られたデータを解析すると、明期一二時間・

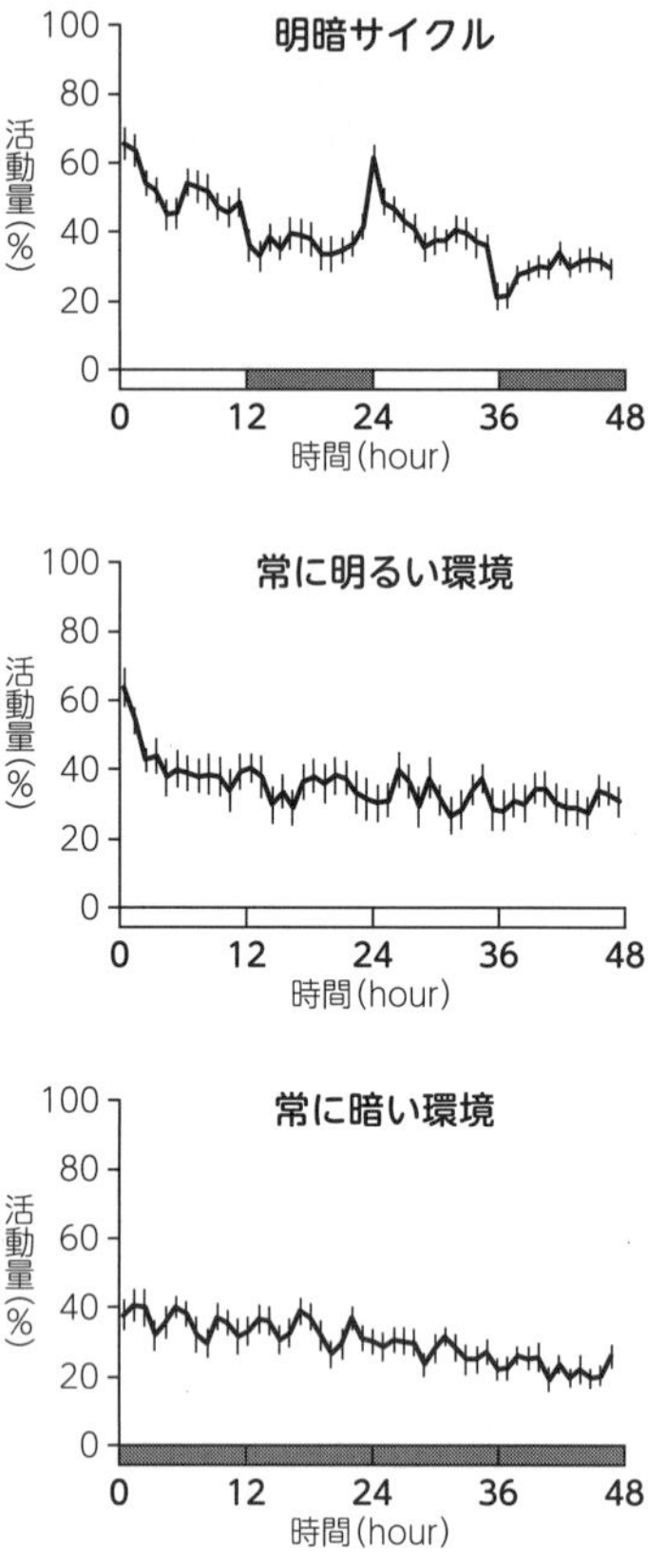

ヒドラの行動パターン
白いバーは照明がついている時間、黒いバーは消えている時間を示す。データは、平均±標準誤差　Kanaya, H.J., Kobayakawa, Y. & Itoh, T.Q. *Zoological Lett* 5, 10 (2019)より改変

暗期一二時間という環境では、そのサイクルに従い、明るい時間に盛んに活動し、暗いときにはあまり動かないことが分かってきた。

体内時計をもつ生き物だと、昼夜のサイクルが失われたとしても、およそ二四時間のリズムが継続する。一八世紀初頭にド・メランが観察したように、オジギソウの葉の開閉リズムは、日光を遮る箱の中に入れて真っ暗にしたとしても、くり返されるのだ。

ヒドラではどうだろう？　ヒドラの場合、常に暗い環境、あるいは常に明るい環境では、行動のサイクルを継続することができないようだった。やはりヒドラの体内時計は、他の生物ほど堅牢《けんろう》ではないか、あるいは体内時計が備わっていないのだろう。解析によって得られた結果は、後から振り返ってみると、もともと予想できた当然の結果のように思える。でもそれは、まだ誰も検証していないことだった。未踏の砂漠に、一つ小さな足跡を残したのである。

行動の解析ができるようになったことは、睡眠について検証するための下地ができたことを意味していた。データを眺めてみると、やはりヒドラが突然動かなくなる状態があり、とくに夜（照明が消えている時間帯）に頻繁に起こることが分かってきた。そう、それは私がヒドラに餌を与えているときに見かけた、あの眠っているかのような状態だ。

睡眠の再定義

眠っているとは、いったいどういう状態なのだろう。

私たちが起きているか眠っているかは、脳波にもとづいて判別することができる。脳波は、今から一〇〇年ほど前、あの苦悩に満ちたベルガーが記録することに成功した脳の電気活動である。脳の神経細胞の活動は、起きているときと眠っているときで異なり、その違いが脳波に表れるのだ。

空寝ではなく、本当に眠っているかを判別する際に、脳波が客観的で信頼できる指標になることは間違いない。でも、脳波が睡眠という現象の本質なのかと問われれば、答えに窮《きゅう》してしまう。

眠っているときには、低周波数で高振幅、音に喩えると「低くて大きな」脳波が現れる。低さや大きさの度合いは、どれくらい深く眠っているかの指標にもなる。しかし、脳波がどのようなものだったかを考えてみると、それは頭の表面から得られる電気信号にすぎない。大脳皮質をはじめとした脳の神経活動の総体だ。それは計測データの一つであり、測定の手法にも大きく依存する。

脳波は、どんな動物からでも検出することができるだろうか。哺乳類や鳥類の脳からは脳波が検出されるが、昆虫など脳のサイズが小さい動物から脳波を検出することは難しい。たとえ昆虫の脳波を精密に測ることができたとしても、私たちとは脳の構造が大きく異なるから、脳の活動の総体である脳波のパターンも異なるだろう。では、脳波が検出できなかったり、脳波のパターンが異なれば、睡眠が存在しないのか。そんなはずはない。

さまざまな生き物で、睡眠を観察することが大切だと唱えた人物がいた。スイスの生理学者、アイリーン・トブラーだ。彼女は一九八〇年代、脳波測定という手法によらない指標、すなわち睡眠の一般的な定義を見出そうとした。

睡眠中の生き物は一般的に、体の動きが止まる。しかし体を休めていても、空寝の場合と、本当に眠っている場合があるだろう。その二つは、どのようにしたら見分けられるだろうか。トブラーは、眠っているとき、動物は特徴的な姿勢をとることが多いと言った。私の愛犬のブラームスの場合だと、体を丸めて手足を折りたたんで眠る。ネズミの場合も、眠るときには頭を下げて体を丸める。

さらにトブラーは、睡眠という現象は「可逆的《かぎゃくてき》」であることが特徴だと言った。要するに、いくらぐっすり眠っていたとしても、外から刺激が加わると目を覚ますということだ。眠っているときに、大きな物音がしたり、体を揺すられたりすると、私たちは目を覚ます。

一見すると眠っているように見えるが、なにか病的な状態であったとしたら？　大きな音がしたり体を揺すられたりしても、起き上がって、盛んに活動することはできない。睡眠と似ているが非なる現象、例えば麻酔状態だったとしたらどうだろう。麻酔をかけられると、私たちは意識を失い、体が動かなくなる。まるで眠っているかのように見えるが、麻酔中に声をかけても、そして体にメスを入れるという強い刺激を与えても、目を覚ますことはないのだ。麻酔は「非可逆的」である。

なぜ、睡眠は可逆的なのだろうか？　それは、野生で生き延びるための術かもしれない。私たち人間は今でこそ、思う存分眠り、油断すると寝坊してしまうほどだが、野生の生き物だとそうはいかない。眠っているときには、無防備な状態になっている。いつ天敵が襲ってくるか分からないから、眠っているときにも完全に警戒を解くことはせず、ある程度の注意を維持しているのだろう。睡眠中でも、外界からまったく切り離されているわけではないのだ。

しかし、警戒のレベルは起きているときに比べると低下しているかもしれない。ブラームスは、雷が大の苦手だ。私たちの耳にかすかに聞こえるほどの雷鳴でも、ブラームスは驚いて、部屋から飛び出していってしまう。そして、二階の方がよく雷鳴が聞こえそうなのに、なぜか階段を駆け上がっていき、焦って涎《よだれ》を出す。床がびしょびしょになってしまうのだ。まったく困ったものである。

でも、いつもそうというわけではない。例えば、ブラームスがいびきをかくほどぐっすり眠っているとき、雷の音がしても眠ったままのことがある。眠っているときには、聴覚からの情報に対する注意が低下して、音に対する警戒心が薄れているのだ。

私たち人間でも、また同じだ。おもしろい実験結果がある。ピリジンという強い刺激臭のする物質を嗅いでもらい、起きているときと眠っているときで、その反応を比べた実験が報告されている。入眠前の起きているときにピリジンを嗅いでもらうと、被験者はその臭いのあまり、入眠することができないほどなのだが、被験者がノンレム睡眠やレム睡眠の状態のときにピリジンを提示しても、目を覚ますことはなく眠ったままらしい。眠っているときの脳波を解析しても、ピリジンを提示した前後で変化がみられないという。

トブラーは、睡眠とは、可逆的である一方で刺激に対する反応性が低下している状態だと考えた。反応性が低下していることは、警戒のモードが下がっていることを意味している。

睡眠とは、「反応性の低下を伴った可逆的な行動静止の状態」である。

これだけでも、ずいぶん絞られてきたように思えるが、トブラーはさらに、第二章で紹介した「眠りのホメオスタシス」も、睡眠という現象を特徴づける重要な性質だと考えた。睡眠を妨げると、睡眠圧が高まり、不足した分を補おうとする性質のことだ。断眠により眠れなかった後、その分を補おうとして増える睡眠を、リバウンド睡眠と呼ぶことがある。断眠後にリバウンド睡眠が生じることが、睡眠であることの証拠だと唱えたのだ。たしかに空寝の時間が不足したとしても、それを補う必要はないかもしれない。「リバウンド空寝」は存在しないのだ。

トブラーは、「可逆的な行動の静止」と「特徴的な姿勢」、さらには「反応性の低下」や「眠りのホメオスタシス」といった性質が、睡眠という現象を特徴づけると提唱した。そして、それらの性質がさまざまな生き物の休息状態に当てはまるかを検証したのだ。

彼女が研究対象にした生き物は哺乳類にとどまらず、昆虫であるゴキブリの一種にも及んだ。ゴキブリにも動いているときと休んでいるときがあって、休んでいるときの状態はこれらの指標を満たし、哺乳類の睡眠と共通するものだと主張したのだ。

彼女の先駆的で挑戦的な試みは、論文として発表されたが、大きな注目を集めることはなかった。日の目を見ることなく、一〇年以上が過ぎたある日突然、注目されることになる。

アメリカのアミタ・シーゲルらの研究グループ、さらにはポール・ショーとジュリオ・トノーニらの研究グループはそれぞれ、ショウジョウバエの休息状態を詳しく解析し、トブラーが提唱した睡眠の性質が、ショウジョウバエの休息にも当てはまることを示した。二〇〇〇年に、これら二つのグループから発表された論文はそれぞれ、"Rest in *Drosophila* is a sleep-like state"（ショウジョウバエの休息は睡眠様状態である）、"Correlates of sleep and waking in *Drosophila melanogaster*"（キイロショウジョウバエの睡眠と覚醒の相関）というタイトルで、どちらもこれまでに多く引用されている。

なぜ、この二つの論文が大きな注目を集めることになったのだろう。第三章で紹介した体内時計の研究の歴史をふり返ってみたい。一九七〇年代、シーモア・ベンザーとロナルド・コノプカが報告した「体内時計は遺伝子によって決まっている」という発見は、ショウジョウバエの研究から得られたものである。さらに、それに引きつづく一連の時計遺伝子の同定にも、ショウジョウバエがとても重要な役割を果たした。ショウジョウバエという生き物は、遺伝子の解析を行うのに優れていて、これまでによく研究されてきた。そうした生き物は〝モデル生物〟と呼ばれ、世界中の研究者たちがこぞって研究している。遺伝子の情報カタログや、遺伝子の改変を行うための手法が整備されているのだ。

論文が発表された二〇〇〇年当時、睡眠が遺伝子と関連しているという考え方は、決して主流ではなかった。ショウジョウバエの睡眠の発見によって、睡眠のしくみを遺伝子のレベルで解明することができるかもしれないという期待が高まったのだ。トブラーが唱えたアイデアは、ショウジョウバエの研究者らの目に留まり、その後、睡眠科学の一翼を担うようになった。

二〇〇八年には"Lethargus is a *Caenorhabditis elegans* sleep-like state"（Lethargusは線虫の睡眠様状態である）という論文が報告された。線虫（*Caenorhabditis elegans*）はショウジョウバエと同じように、モデル生物としてよく研究される生き物である。シンプルな体のつくりをしていて、長さは一ミリメートルほどだ。文字どおり細い線のような動物である。線虫には寄生性のものがいて、例えば、生魚の中に身を潜めていて、食べると腹痛をもたらすことのあるアニサキスも線虫の仲間である。よく実験に用いられる線虫は、寄生性ではなく土壌中に生息しているもので、体をくねらせながら這うようにして地面を移動する。

研究者たちが、線虫を用いるのには理由がある。線虫の体は、全身が一〇〇〇個ほどの細胞から構成されている。そのうち、神経細胞はたったの三〇二個だ。一〇〇〇億個以上ともされるヒトの脳にある神経細胞の数とは、まるで桁が異なる。神経の基本的な原理を解き明かすのに、線虫はうってつけの生き物なのである。線虫の神経系にも、中枢となる司令塔があって、周りの環境に応じて多彩な行動を示す。そんな線虫にも睡眠に似た状態があるというのだ。どうやら、線虫の幼虫が脱皮直前に示すlethargusと呼ばれる状態が、睡眠にあたるらしい。

脳と眠り

ショウジョウバエや線虫にも、睡眠に近い状態がある。それならヒドラが眠るかもしれないというのも、あながち筋違いではなさそうだ。トブラーに端を発する睡眠の一般的な指標にもとづいて、ヒドラの休息状態を解析してみればよいのではないだろうか。私は、そう考えた。しかし、その「ヒドラが眠るかもしれない」というアイデアは、従来の睡眠に対する考え方とは、まったく相容れないものだったのである。それは、いったいどういうことなのか。

私たちの体には神経細胞がある。一〇〇〇億個以上もの神経細胞がある脳、その脳と接続している脊髄――それらは、中枢神経系と呼ばれる。中枢神経系以外にも、神経は体のあちこちに張り巡らされていて、それらは末梢神経系と呼ばれる。

両手を擦り合わせてみたとしよう。指先同士が触れ合っている感覚があるはずだ。どのようなしくみでその感覚を得ているのかというと、まず指先にある触覚受容器が刺激を感知し、それが末梢神経系である感覚神経に伝えられる。そして、その信号は中枢神経系へと連絡され、脳に到達する。そして脳が、その情報を処理することで、私たちはその感覚を得ることができるのだ。こうした「中枢と末梢」の神経のつくりをもっているのは、私たち哺乳類だけではない。昆虫であるハエにだって脳がある。ハエが食べ物の匂いを感じると、その情報は末梢から中枢へと伝えられ、脳で処理した情報にもとづいて、食べ物の匂いがする方へ飛んでいこうと行動を起こすのだ。

だがヒドラの場合、神経系のつくりは、ほかの動物とまったく異なっている。ヒドラの体にも神経細胞がある。神経細胞があるから、体を自在に操って動かすことができ、餌を捕まえたときには、それを感知して口元まで運ぶことができる。しかし驚くべきことに、体のあちこちで、神経はほとんど一様に張り巡らされていて、脳のように神経が密になっている部位があるわけではない。中枢神経系が存在しないのだ。ヒドラがもつ中枢のない神経系を、散在神経系と呼ぶことがある。脳がないのに、周りの状況を察知して、ときにしゃくとり虫のように移動するような複雑な動きができるのはおもしろい。ヒドラは、〝脳をもたない怪物〟なのである。

睡眠は、脳で起こっている現象と考えるのが自然だ。私たちが眠っているとき、脳の活動パターンは、起きているときと異なっている。そして、脳の中にあるいくつかの領域は、睡眠を調節するのに大事なはたらきをしていることが分かっている。

例えば、ショウジョウバエでも、脳のキノコ体(mushroom body)や、扇状体(fan-shaped body)と呼ばれる部位が、睡眠を調節するのに大事な役割を担うことが分かってきた。睡眠は脳を主体にして起こる現象であり、脳内で調節されているという考え方が、一般的なのだ。

でも、ヒドラのように脳をもたない動物だっている。はたして脳がなければ、眠らないのだろうか。ベルガーの脳波の発見以来、睡眠は脳と切っても切り離せない現象と考えられていた。誰もが疑ってこなかったことである。「ヒドラが眠るのか」という問いは、すなわち「睡眠には脳が必要なのか」という睡眠科学の常識への挑戦だったのだ。

光を当てて分かること

私は、「ヒドラが眠るのか」を本格的に検証することにした。まず、ヒドラが動かなく

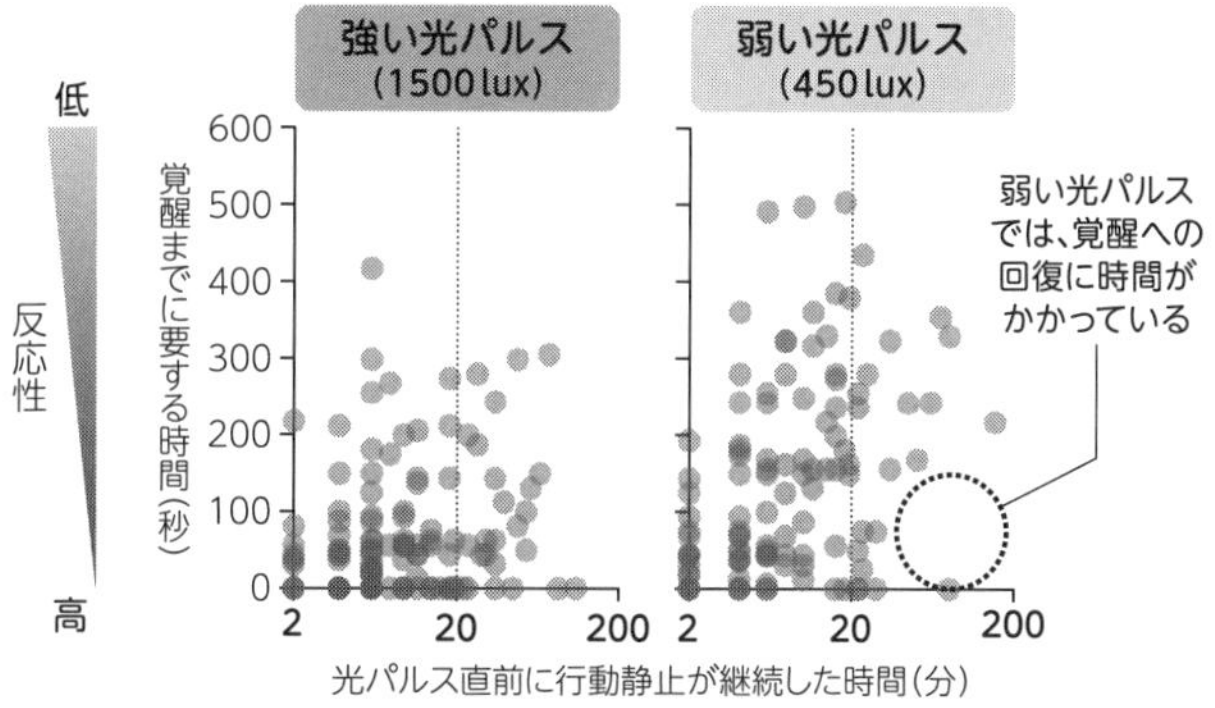

光パルスを与える前に行動静止が継続していた時間（横軸）と光パルスを与えて覚醒に転じるまでの反応時間（縦軸）の関係性
Hiroyuki J. Kanaya et al., Sci. Adv.6, eabb9415 (2020) より改変

なっている状態は、可逆的なのかを調べた。ヒドラが動かないときに、光パルス（パッと光る光信号、光の強さは一五〇〇lux）を当ててみると、再び動き出す。ヒドラがどのようにして光を感知しているのか、未だはっきりしたことは分かっていないのだが、ヒドラも、私たち哺乳類がもっている光受容タンパク質に似たものをもっていて、触手をはじめとして体中に存在する。行動を静止させている状態でも、光を受容し、反応することができる。これは、外界から切り離されているわけではなく、警戒のモードを維持していることを意味している。

しかし、その三分の一ほどの明るさの弱い光パルス（四五〇lux）を与えたとき、反応は少し異なっていた。個体ごとに、反応の仕方がばらついていたのである。そして、光を当てる前に長く（おおむね二〇分以上）休んでいたヒドラの方が、反応が遅れる傾向があった。しかし、やはりどのヒドラも、光パルスを当ててしばらくすると反応する。それはまるで、窓から朝日が差し込んできたときに、眩しさを感じてはいるが、なかなか体を起こすことができない状態のようだ。さらに、動かなくなっているヒドラは、餌の刺激に対する反応も鈍っていた。朝ごはんの匂いがして、ほんとうはお腹が空いているけれども、なかなか布団から出られない状態のようだ。

ヒドラが動かなくなる状態は一日に何度か訪れるようで、なにか病的な状態なわけではなさそうだった。それは、トブラーの言う「睡眠」なのだ。さらに、外から振動を与えたり、高温の環境に置いたりしてしばらく断眠させると、その後には睡眠の量が増えることが分かった。それはリバウンド睡眠であり、ホメオスタシスの性質を表していた。

昼寝をするクラゲ

研究室にいると、いろいろな体験をする。私が使っていた実験室には、大学を定年退職した後に趣味で実験をしている先生が、ときどき訪れていた。その先生はかつて、昆虫の電気生理学を研究していたそうだ。電気生理学とは、生体に伝わる電気信号を記録して、解析する研究手法である。彼は月に数回、実験室を訪れては、電気生理の設備を触り、ときに博多弁を交えながら、実験室にいる人たちと楽しそうに話をしている。私もよく彼と話すことがあった。

あるとき、私は彼にヒドラの睡眠について話し、少しずつポジティブなデータも出始めているが、まだまだこれからが正念場だろうと言った。彼は頷きながら耳を傾け、こう口を開いた。

「玄界灘《げんかいなだ》の漁師は、クラゲが昼寝をすると言っとったばい」

漁師が午後に船を出すと、クラゲがまるで死んだように海面近くを漂っているのを見かけるそうだ。それを、〝昼寝〟と呼んでいるらしい。クラゲも、眠って休むことがあるのだろうか。クラゲはヒドラと同じ刺胞動物の仲間で、脳のない散在神経系をもっている。脳をもたない生き物が眠るというのも、あながち筋違いではなさそうだ。

その矢先のことである。私は、カリフォルニア工科大学の研究グループから新たに発表された論文を見かけ、目を丸くした。

クラゲの一種であるサカサクラゲに、睡眠が存在することを報告していたのだ。クラゲが眠るというのは、やはり本当だったんだ……。なんだか嬉しくなった。でもその一方で、とても残念な気持ちがした。世界中の研究室では、常にさまざまな研究が行われている。似たアイデアのもと、同じような発見をする研究者がいても、不思議ではない。それはときに、誰が最初にその発見を報告するかという競争でもあるのだ。

私は、サカサクラゲを実際に見たことがある。サカサクラゲは呼び名の通り、傘を下にむけて、逆さの姿勢で泳ぐ。その動きは少しせわしなくて、まるで心臓の拍動のように、傘を周期的に開閉させながら泳ぐのだ。

その論文では、サカサクラゲの傘の開閉パターンを解析していた。昼と夜では開閉の頻度が異なっていて、夜の方がゆっくりとした開閉パターンであり、それは眠っているようだと報告していた。漁師が言っていた〝昼寝〟ではなかったが、夜間の活動の低下は、反応性の低下を伴っていて、さらにホメオスタシスの性質を備えているというのである。私は、少し悔しさを感じながらも、感心してその論文を読み込んだ。

第五章　眠りのしくみ

一時間ほどばかりの隣国で

二〇一八年九月、私は韓国・釜山《プサン》にある金海《キメ》国際空港にいた。九州大学の近くに位置する福岡空港から釜山までは、飛行機で一時間ほど。日が昇る前の朝の五時ごろに福岡の自宅を出発し、福岡空港で飛行機に乗り込んで、釜山に着いたのは、午前一〇時頃だった。

台風が通過した直後だったから、飛行機はよく揺れた。短いフライトだが、空港に着いて飛行機を降りると、どっと疲れが出た。空港は、多くの人でにぎわっている。金海国際空港は、日本の空港と変わらないような雰囲気だが、所々にはライフル銃を持った警備員が立っていて、行き交う人を睨《にら》みつけている。日本では見かけない異国の光景だ。

空港を出ると、空はどんより曇っていて、湿気が多く生暖かい。過ぎ去った台風の影響だろうか、ときおり強い風が吹いていた。バスの乗り場を探し、高速バスに乗り込む。韓国は、左ハンドルで右側通行だ。バスが発進して道路を走り出すと、右側通行に違和感がある。でも違和感があったのは、右側通行だけではない。バスの運転が、とても荒いのだ。高速道路に乗ると、バスはどんどんスピードを上げて他の車を追い抜いていく。事故を起こすのではないかと心配だった。バスの車窓から見える景色は、日本で見るのとよく似ていて、広葉樹林が広がっている。そんなバスに揺られ、二時間ほどでたどり着いたのは、釜山の北東に位置する蔚山《ウルサン》だった。

蔚山の街中から少し離れたところに、蔚山科学技術院がある。二〇〇七年に設立された新しい大学で、理工系の研究に力を入れている。キャンパスは、とても近未来的だ。高いビルのような建物がいくつかあり、川が流れていて大きな池もある。川には八つの橋がかかっていて、大学からノーベル賞受賞者が出た際には、受賞者の名を冠する予定があるそうだ。

私がここを訪れた理由――それは、ショウジョウバエの睡眠に関する研究を行っているチャングハン・リム先生に面会するためだった。彼は、ヒドラの睡眠の研究に関してアドバイスをもらっていた伊藤太一先生のかつての同僚だった。彼にヒドラの睡眠の実験結果についての意見を伺うことになったのだ。出迎えてくれた彼に挨拶をして、構内を案内してもらいながら研究室へ向かう。研究室があるビルに入ると、いくつかの研究室が共通の実験室を使っていた。欧米でよく見られる「オープンラボ」というシステムだ。異なる研究室のメンバーが日常的に顔を合わせ、そこから自然と交流が生まれる。ガラス張りの会議室では、自由な雰囲気で活発に議論が行われていた。

彼は、〝オフィス〟に招き入れてくれた。壁一面に広がる大きな窓からは、大学内の川や池がよく見えて、見晴らしがよい。遠くには、広葉樹林の山々が広がっている。そんな窓に背を向けるようにして、彼の机があった。近未来を感じさせる部屋だ。でも、そんな彼の部屋の端っこには、暗幕が垂れ下がっていて、その中では彼の研究室の学生が、ショウジョウバエを使った実験をしていた。研究室のメンバーの人数が増えて、実験室のスペースが足りず、仕方なくオフィスのなかに実験スペースをつくったらしい。

彼はそんなことを、笑顔でジョークを交えながら教えてくれた。ただ当時、私は英語が大の苦手であり、話を聞いて頷いてはいたのだが、なかなか言葉が出てこなかった。そのような話の後、本来の用件であるヒドラの睡眠の話をした。私は、これまでのヒドラの研究の進捗を、スライドにまとめていた。ヒドラの行動を長時間観察し、睡眠に近い状態があることを実証したという内容だ。もともとは、データを見てもらって意見を伺うだけの予定だったのだが、彼はとても興味をもってくれたようで、急遽セミナー形式で、研究室のメンバーの前で発表することになった。さっき見かけたあのガラス張りで近未来的な会議室で。きちんとした原稿をつくっていたわけではなかったから、緊張して焦った。

会議室に移動すると、一〇人くらいの研究員や大学院生が集まっていた。「私は、ヒドラという独自の動物モデルを用いて、睡眠の研究をしようとしていて……なぜヒドラを用いるのかというと……それは……ヒドラが中枢神経系をもたない動物で……」。拙い英語で説明しようとする。ヒドラの睡眠パターン（一日のなかの睡眠の時間分布）を示したスライドを見せると、皆興味深そうに頷いていた。ヒドラの睡眠は夜（照明が消えている時間帯）に頻度が高く、昼間（照明がついている時間帯）には少ない。ショウジョウバエも、似たような睡眠パターンを示す。普段、ショウジョウバエの睡眠を解析している彼らにとっては、なじみ深いデータだったのだろう。

しどろもどろになりながら、なんとか発表を終えた。慣れない英語で発表するのなら、きちんと原稿をつくっておくに限る。幸いなことに、話した内容はある程度伝わっていたようで、リム先生をはじめ他のメンバーから、たくさんの質問が出た。「もう一度、○○のスライドを見せてほしい」「そもそもヒドラは、どのような生き物で、どのように飼育しているのか？」。日本のセミナーや学会では、質問が出ないことも多いが、海外で発表すると、どんな些細なことでも積極的に質問してくれる。「分からない」ことを恥ずかしく思わないという文化の違いがあるのかもしれないが、そうした基本的な質問が、聴衆全員の理解を助けてくれる。発表者とし

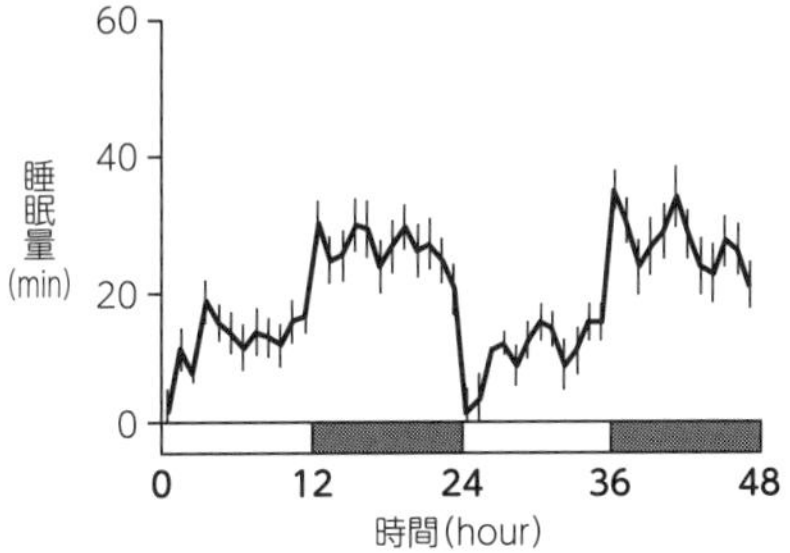

ヒドラの睡眠の時間分布

白いバーは照明がついている時間、黒いバーは消えている時間を示す。データは、平均±標準誤差

Hiroyuki J. Kanaya et al., Sci. Adv.6, eabb9415 (2020) より改変

ても、たくさん質問が出るのは嬉しいことだ。

最後にリム先生が、私にいくつか質問をした。彼は綺麗な英語で流暢に話してくれているのだが、何を言っているのかよく聞き取れなかった。私がよく理解できていなさそうな表情をしていたからか、ゆっくりとした口調で質問をくり返してくれた。ただ、それでもよく聞き取れなかった……。黙っているわけにもいかず、実験の結果について再度説明してみた。訊かれた内容とは異なっていたかもしれないが、それはそれで議論が弾んだ。芸術は言語の壁を越えるという。もしかすると、科学のおもしろさも言葉の壁を越えるのかもしれない。

セミナーを終えて研究室のメンバーがいなくなった後もリム先生と議論をしていると、彼は「今後研究が進めば、ショウジョウバエを用いた実験で手を貸すことも可能だ」と言った。それは、私の聞き間違いではないはずだ。ヒドラの睡眠をショウジョウバエで検証するとは、いったいどういうことなのだろう。

睡眠と遺伝子

一日に必要な睡眠時間は、だいたい決まっている。私の場合、いつも七時間くらい眠っていて、八時間眠るとよく眠ったと感じる。でも六時間の睡眠だと、日中に眠くなるし、四時間を切ると集中力も低くなる。おそらく私にとって、適切な睡眠時間は七〜八時間だ。なかには毎日四〜五時間くらいの睡眠でもまったく平気だという人がいる一方、九時間くらい眠らないとすっきりしないという人もいる。適切な睡眠の長さは、どのように決まっているのだろう？

第三章で紹介したように、「睡眠の二過程モデル」という理論がある。睡眠が「体内時計」と「睡眠圧」という二つの成分によって制御されているというものだ。「体内時計」が睡眠のタイミング、「睡眠圧」が睡眠の長さや質を決めている。「体内時計」は、時計遺伝子による二四時間のサイクルにもとづいていた。はたして「睡眠圧」の実体は何か？

「睡眠圧」は、起きている間に高まり、眠ることで軽減される。「睡眠圧」は体のどこに溜まっているのだろうか。現在の理解では、睡眠は、神経系に由来する現象だ。そうすると、やはり「睡眠圧」も神経系に溜まるに違いない。

ヒトの脳やショウジョウバエの脳、三〇二個の神経細胞でできた線虫の神経系、そしてヒドラがもっている散在神経系——神経のつくりはそれぞれ異なっている。でも、どれもが神経回路として機能している。神経回路のなかに、〝眠りのスイッチ〟のようなものが存在するのではないだろうか。「睡眠圧」の高まりを感じ取り、蓄積したときに眠りへと導くスイッチだ。マウスやショウジョウバエ、さらに線虫を用いた研究で、神経回路内の

〝眠りのスイッチ〟の存在が示唆されてきた。

しかし、ここで一歩立ち止まって考えてみたい。神経系は、神経細胞の集合体だ。一つひとつの神経細胞に目をやると、それらは単なる回路の素子ではない。生きた細胞なのだ。神経細胞は他の細胞と同じように、タンパク質の製造工場に喩えることができ、工場内で合成されたタンパク質が部品として機能している。そして、タンパク質は遺伝子という設計図にもとづいているのだ。

生命現象には階層がある。私たちの体で起きている生命現象の多くは、臓器や組織で起きている現象に分解することができ、突き詰めていくと、それらを構成する一つひとつの細胞で起きている現象にたどり着く。そして、細胞の中で起きている現象は、遺伝子に刻まれた情報にもとづいている。そうだとすると、睡眠も、細胞の中で起きている現象に分解して考えることはできないだろうか。すなわち、睡眠は、細胞の設計図である遺伝子に刻まれているのではないかということだ。

遺伝子は両親から受け継ぎ、子孫へと引き継がれる。睡眠が遺伝子で説明できるのかを考えるには、まず次のような問いを立ててみるのがいい――睡眠は遺伝するのか?

家族性自然短眠（Familial natural short sleep）と呼ばれるものがある。家族内で遺伝しているかのように、睡眠時間が短い家系があるのだ。自然短眠とはどういうことかというと、毎晩四〜六時間ほどの睡眠でも十分に眠ったと感じ、朝に起きづらく感じたり、日中に眠気を我慢したりすることもない。睡眠が少なくても平気な体質なのだ。いわゆる「ショートスリーパー」である。ショートスリーパーだと自称する人の多くは、眠気を我慢しながら過ごしていると考えられていて、睡眠が少なくてもまったく平気な真のショートスリーパーはじつは珍しい。

二〇一九年に発表された論文では、家族性自然短眠について調査し、*Adrb1*と呼ばれる遺伝子の変異が、自然短眠と関連していることが報告された。*Adrb1*は神経細胞同士の情報のやり取りに関わる遺伝子だ。短眠家系の人では、*Adrb1*の設計図が、ほんの一ヵ所だけ書き換わっているらしい。その一ヵ所以外は、まったく正しい設計図なのだ。それでも、つくられるタンパク質の機能が変わる。それによって、神経細胞同士の情報のやり取りに影響が生じ、結果的に睡眠が短くなるのだ。マウスの実験で、*Adrb1*の設計図を同じように書き換えると、やはり睡眠時間が短くなるという。

眠りの病と遺伝子

睡眠に関連した深刻な疾患がある。「ナルコレプシー」と呼ばれる疾患だ。ナルコ（Narco）

は「眠気」、レプシー（Lepsie）は「発作」を意味している。睡眠の発作が起こる疾患だ。それ自体が命に関わるわけではないが、患者本人からすれば、とても深刻なものだろう。日中に突如として強い眠気が生じ、それは自ら制御できないほどだ。会話をしているときや歩いているとき、食事をしている最中でも、眠りに落ちてしまう。そして、本人が眠気を感じない場合でも、まるで発作のようにして突然眠ってしまうことがある。有病率は、二〇〇〇人に一人程度だ。日本人はとくに有病率が高く、六〇〇人に一人くらいだとも言われる。

ナルコレプシーは、どのようにして引き起こされるのか？　一九九九年、スタンフォード大学のエマニュエル・ミニョーらの研究グループは、ナルコレプシーが多発するイヌの家系を見出した。イヌで、ナルコレプシーは遺伝するのだ。そのイヌの家系を解析し、彼らはある一つの遺伝子にたどり着いた。

オレキシン受容体2型と呼ばれる遺伝子である。オレキシン受容体は細胞の表面で、他の細胞から発せられる情報を受け取るはたらきをしている。オレキシン受容体が受容する情報とは、「オレキシン」というペプチド（小さなタンパク質様分子）である。オレキシン受容体2型の遺伝子が変異して正常に機能しなくなると、イヌがナルコレプシーの症状を示す。それは子孫に引き継がれ、遺伝していくのだ。

同じ頃、ミニョーたちとは異なるもう一つの研究グループが、マウスのある遺伝子を欠損させると、ナルコレプシーのような症状を示すことを発見した。テキサス大学で研究していた柳沢正史《やなぎさわまさし》らの研究グループだ。彼らが報告した遺伝子は、どんなものだったのか――それはなんと、「オレキシン」ペプチドの設計図だった。

柳沢らは、「オレキシン」の発見者であった。一九九八年、彼の研究室で研究員をしていた櫻井武《さくらいたけし》らと「オレキシン」を発見し、脳内で食欲の制御に関わっていることを見出す。「オレキシン」という名は、ギリシャ語で「食欲」を意味するオレキシス（orexis）がもとになっているのだ。柳沢らは、オレキシンの設計図となる遺伝子を欠損させたノックアウトマウス（遺伝子操作によって特定の遺伝子を欠損させたマウス）を作製し、マウスの摂食行動を観察しようと、赤外線カメラで観察していたところ、マウスが突然気絶することを見出した。詳しく解析をしてみると、それは睡眠発作だったのである。脳波を計測すると、起きている状態から突然レム睡眠に移行するという、通常では見られないパターンを示した。ナルコレプシーに特有のパターンだ。柳沢らによる「オレキシン」と、ミニョーたちによる「オレキシン受容体」――二つの研究は、異なる方向から同じ真実にたどり着いた。しかも、同じ年、同じ月に発表されたのだった。

なぜ、こんな大発見が、まったく同じタイミングだったのか？　現在、筑波大学に拠点を移して研究をしている柳沢先生に直接伺ったことがある。

彼が言うには、「オレキシン」のノックアウトマウスを作製・解析していると偶然、睡眠発作が起こることに気がつき、睡眠の専門家の協力を仰ぎながら研究を進めていた。するとどうやら、その情報がミニョーたちに漏れてしまったらしい。そのとき、ミニョーたちも長年にわたる研究で、ナルコレプシーに関わる遺伝子を、「数個の遺伝子のうちどれか」という段階まで絞り込んでいて、その中に「オレキシン受容体2型」があったのだという。そんな中、柳沢先生らの情報にヒントを得て、「オレキシン受容体2型」に絞り込み、論文を投稿した。すると今度は、ミニョーたちの論文が投稿されたという情報が柳沢先生に入り、急いで論文にまとめ上げて投稿した。すると結果的に、同じ月に論文が公開されたというのだ。大発見の裏には、そんな駆け引きがあったのだ。

柳沢先生は、「オレキシン」の研究にとどまらず、睡眠に関して、ある一大プロジェクトを展開している。それは、「○○という遺伝子が睡眠に関わっているかもしれない」という仮説を設けず、まったく無作為にマウスの遺伝子を変異させ、睡眠に異常を示すマウスを探すという試みだ。そして、睡眠異常のマウスを見つけ出した後に、どんな遺伝子に変異が生じているかを解析するというものだ。数万匹のマウスを用いた実験により、睡眠の制御に関わる遺伝子がいくつも同定されてきた。「睡眠圧」の実体を成す遺伝子が含まれているかもしれない。

種を超えた遺伝子

睡眠の異常は遺伝する。そして「オレキシン」の研究のように、遺伝子をノックアウトすると、睡眠も変化する。睡眠のしくみは、遺伝子で説明することができるかもしれない——。

ヒドラが眠ることを突き止め、その睡眠のメカニズムに迫ろうとしていた私は、ヒドラの睡眠をコントロールする遺伝子を突き止めようとした。ヒドラは、ヒトと比べて生物としての複雑さはまったく異なるが、遺伝子の数はヒトよりも多い。およそ三万個だ。

三万個ほどある遺伝子の中から、どのようにしたら睡眠に関わる遺伝子を見つけることができるか？　いろいろな方法を模索してたどり着いたのは、断眠に応答する遺伝子を調べることだった。眠りが不足したことに、応答して発現量が変わる遺伝子である。

「遺伝子の発現量が変わる」とは、いったいどういうことなのだろう？　細胞という名のタンパク質の製造工場では、ひときわ区画されているデータ保管センターに遺伝子が保管されている。設計図である遺伝子から、どのようにしてタンパク質がつくられるのかは、第三章で、詳しく紹介した。遺伝子が使われる際にはコピーが取られ、そのコピーが製造部門に運ばれてタンパク質がつくられる。設計図の実体がＤＮＡであるのに対し、設計図のコピーはメッセンジャーＲＮＡと呼ばれている。

遺伝子の発現量とは何かというと、設計図のコピーの枚数、すなわちメッセンジャーＲＮＡの数だ。コピーの枚数は、その遺伝子がどれだけ使われているのかを表している。コピーの枚数が多いと、つくられるタンパク質の量も多いと考えられるのだ。

私は六時間にわたって断眠させたヒドラを採集し、体を擦りつぶしてバラバラにし、細胞も破壊してメッセンジャーＲＮＡを抽出した。そして、遺伝子の一つひとつに対応するメッセンジャーＲＮＡの数を数えたのだ。三万個ほどの遺伝子一つひとつのメッセンジャーＲＮＡを調べているようでは埒《らち》があかない。マイクロアレイと呼ばれる技術を用いて、ほぼすべての遺伝子のメッセンジャーＲＮＡの数を一緒くたに解析することにした。マイクロアレイとは、基盤上に各メッセンジャーＲＮＡを検出するためのプローブと呼ばれる核酸断片（つまり三万種類以上のプローブ）が一つずつ整然と並んでいるものを指す。そこに断眠させたヒドラから得られたメッセンジャーＲＮＡのバルク（各遺伝子のメッセンジャーＲＮＡを含んだ総体）をさらすと、各プローブが、対応するメッセンジャーＲＮＡと反応し、どれくらいの量のメッセンジャーＲＮＡが存在するのかを示してくれる。

このマイクロアレイの解析により、断眠に伴って発現量が変わる遺伝子は見つかるのか？

　解析結果が出力された。統計的な基準を設定して調べてみると、二一二個の遺伝子の発現量が変化していることが分かった。断眠に応答する二一二個の遺伝子。三万個ほどある遺伝子のうちの一パーセントにも満たない。パソコンの画面で遺伝子のリストを下へとスクロールしていきながら、知らない遺伝子を見つけると遺伝子のデータベースで検索し、その機能を調べてみる。

　ある場所でスクロールする手が止まった。リストに載っていた*Shaker*という遺伝子――それは、ショウジョウバエで睡眠に関連する遺伝子として、初期に報告された有名なものだった。さらにリストを進んでいくと、*Prkg1*という遺伝子も目に留まった。線虫の睡眠を制御していて、ショウジョウバエやマウスでも睡眠に関わることが知られている遺伝子だった。

　遺伝子の情報は、生物種ごとに異なっている。しかしとくに動物に限って言えば、たとえ動物種が異なっていても、もっている遺伝子はだいたい似通っている。例えば、ヒトに遺伝子Aがあったとすると、ヒドラにはそっくり同じ遺伝子Aがあるわけではないが、かなり似通っていて、同じような機能をもつと推測される遺伝子A′があるのだ。それらを相同遺伝子と呼ぶことがある。ヒドラを断眠させると、*Shaker*や*Prkg1*の相同遺伝子の発現量が変化していたのだ。

断眠に応答する遺伝子のリストのなかには、これまで睡眠への作用が解明されていないものも、きっと含まれているだろうと考えた。それを明らかにするには、特定の遺伝子を欠損させ、睡眠に影響が出るかを調べてみればよい。特定の遺伝子を欠損させたノックアウト動物を作製するということだ。

しかしヒドラの場合には、遺伝子操作を用いた解析を行うことが難しかった。ヒドラは、親から子がそのまま分裂していく生殖様式（無性生殖）で殖える場合がほとんどだが、遺伝子操作を行うには一般的に交配が必要になるからだ。

そこで、リム先生のショウジョウバエの力を借りることになった。ショウジョウバエの研究の歴史は、今から一〇〇年以上前、アメリカのトーマス・ハント・モーガンがコロンビア大学ではじめた研究に端を発する。それ以来、ショウジョウバエは、遺伝学的な解析をするのに優れたモデル生物として用いられてきた。

ショウジョウバエは、飼育や繁殖が容易であり、一世代（生まれてから成虫になり、次の世代を生み出すまで）が一〇日で、とても短い。これは、遺伝学的な操作を行うのに、とても好都合なのだ。さらに、これまでの研究で生み出された多くの系統が、世界中の研究室でシェアされている。そんな遺伝学に強い生物の力を使って、断眠に応答するヒドラの遺伝子の相同遺伝子を解析することにした。それはすなわち、ヒドラの睡眠をショウジョウバエで検証するということだ。

ここでは、遺伝子の完全な欠損（ノックアウト）ではなく、阻害（ノックダウン）を行った。ノックダウンとは何かというと、ノックアウトのように、設計図自体の情報（DNA）を書き換えることはしない。狙った遺伝子のメッセンジャーRNAを分解に導いて、量を減らすという作戦である。コピーの枚数が減ることで、製造されるタンパク質の量も減ることになる。

リム先生の研究室の研究員や大学院生は優秀な人たちばかりで、研究を進めていくのがとても早い。中間結果を報告し合うオンラインのミーティングでも、「〇〇の結果はどうだっただろうか？」「〇〇のリストを早めに送ってほしい」などと、いつもこちらが待たせるばかりだった。

数十もの相同遺伝子をショウジョウバエでノックダウンする実験でも、解析結果が届くまで半年もかからなかった。届いた結果を見ると、ショウジョウバエの睡眠量を変化させる遺伝子が、いくつも同定されていた。なかには、これまでの研究で睡眠への関与が報告されたことのない遺伝子も含まれている。

ヒドラの断眠に応答する遺伝子は、種を超えて睡眠を制御し得るということだ。

断眠すると頭がたくさんできる？

ヒドラを断眠させた際に変化するのは、なにも遺伝子の発現だけではない。私は、ヒドラを三六時間（一日半）にわたって断眠させる実験を行った。ヒドラは、マウスなどの哺乳類を用いた実験で求められるような倫理的ケアが必要ない（それが、良いことなのか悪いことなのかはさておき）。脳をもっていなければ、苦しみを感じることはないと考えられているからだろうか。

三六時間にわたって断眠させても、ヒドラの外見はあまり変わっていなかった。ヒドラは水質が悪くなって弱ると、まず触手が短くなるのだが、断眠させたヒドラの触手を観察しても明らかな変化を認めなかった。断眠させても、まったく平気なのだろうか？　共同研究者からの助言もあって、断眠させたヒドラの細胞増殖率を調べてみることにした。

細胞が増殖するとき、まず元細胞の中で遺伝物質であるＤＮＡが複製され、その後に細胞が二つに分裂する。実験では、ヒドラの培養液にブロモデオキシウリジンと呼ばれる物質を添加した。この物質は、ＤＮＡが複製される際、ＤＮＡ中に取り込まれるのだ。すなわち、新しくつくられた細胞のＤＮＡを標識することができる。抗体を用いてブロモデオキシウリジンを検出することで、ブロモデオキシウリジンを添加していた間に増殖した細胞を特定することができる。

断眠させたヒドラでは、通常通りに眠ることができたヒドラに比べ、ブロモデオキシウリジンで標識された細胞の割合が少なくなっていた。全身のどの部分を解析しても、同様の結果だった。これはつまり、ヒドラを断眠させると、細胞増殖率が低下するということだ。ヒドラの体では、常に細胞の増殖が盛んに起こっていて、栄養状態が良ければ、親ヒドラから子ヒドラが分裂し続ける。いわば、常に〝成長期〟なのである。断眠させると細胞増殖率が低下するという実験結果は、「寝る子は育つ」という諺《ことわざ》の通りなのかもしれない。

じつは、三六時間以上断眠させる実験を行ったことがある。断眠のために振動を与える装置に、そのままずっとヒドラを置いておく。いつかは死んでしまうかもしれないと思っていたが、数日経っても、ヒドラは案外平気な様子だ。もちろん、この断眠装置によって百パーセント断眠させることができているとは限らない。一定時間おきに振動するしくみなのだが、その合間を縫って眠っている可能性がある。したがって、「まったく眠れなくても、ヒドラが死ぬことはない」と断言することはできない。

そのまま一週間近く放っておくと、とても不思議な現象が起こった。驚いたことに、ヒドラに頭がたくさんできたのだ。何度実験をくり返しても、同じ結果になる——。

　ここでいう「頭」とは、ヒドラの口にあたる部分（口丘）と触手を指す。ヒドラは分裂するとき、胴体から新枝のように子ヒドラが伸びてきて、十分に成長すると、親ヒドラから子ヒドラがディタッチする（離れる）。しかし、どうやら非常に長い期間にわたって断眠の操作をすると、ディタッチが起きる前に、また別の箇所から新しい子ヒドラが出てくるのだ。そして、ディタッチしていない子ヒドラから、また新しい子（孫）が出てくる。

　そんなことが起きたら、どんなヒドラになるかというと……体のあちこちに口と触手がある「多頭ヒドラ」になるのだ。ブロモデオキシウリジンを用いた実験では、断眠が短期的には細胞増殖率の低下をもたらすことが分かったが、もっと長い期間観察すると、また異なる結果になるかもしれない。

一つの真実となる

　ヒドラの睡眠についての研究は、ビーカーの中のヒドラを眺めていて感じた疑問から始まった。「もしかすると、眠っているのかもしれない」——そんなナイーブな疑問は、多くの研究者を巻き込み、国を越える研究に発展した。

　ヒドラも眠る。そして、ヒドラの眠りのメカニズムが、ショウジョウバエ、ひいては哺乳類（マウス）とも共通していることが明らかになったのだ。その成果を、なんとか世界に向けて発表しなければならなかった。

研究の成果は、どのようにして公表されるのだろう？　ときに「○○大学から○○という研究成果が発表された」という報道を耳にするが、それまでにはいったいどういうプロセスを経ているのか。

新しい発見が研究成果として認められるには、論文として発表する必要がある。論文を書くことは研究者にとって最も大切なことだが、同時に最も大変なことでもある。

論文は、単に実験データを載せればいいわけではない。過去の研究で何が分かっていたのか。今回の研究でどんな実験を行い、どのような結果が得られたのか。既知の事実を上回るどのような発見があり、そこから分かる事実は何か。丁寧に、注意を払いながら記述していく。論文をまとめる段階に入ってからも、論旨を支えるデータが不足していることに気がつけば、追加で実験を行う。そこで得られた結果が予想と異なるようであれば、論旨から修正していかなければならない。

論文が完成すると、それを科学誌に投稿する。論文は、科学誌へ掲載されることで、ようやく認められるのだ。じつにさまざまな種類の科学誌がある。それぞれに掲載の基準があって、それは研究の分野だったり、発見の新しさやインパクトだったりする。インパクトとは何かというと、発見がその研究分野に与える影響の大きさであり、論文がどれくらい引用されるかという点が基準になる。賛否両論あるのだが、ときに「インパクトファクター」などという、掲載する論文のインパクトの大きさにもとづいて、科学誌をランク付けしようとする動きがある。科学がポイント稼ぎではないことはたしかだが、競争とともにあるというのもまた事実である。

だが、科学誌に掲載が決まるまでのプロセスも、また容易ではないことが多い。科学誌に論文を投稿すると、まずは科学誌の編集者が内容を精査する。編集者が「この論文はもしかすると、うちの雑誌に掲載する価値があるかもしれない」と判断すると、その論文は審査に回されるのだ。編集者は、「目利き」だと言えよう。そうして編集者の判断によって審査に回された論文はどうなるかというと、審査自体は科学誌の関係者で行うわけではない。関連する分野の研究者たち、つまり同業者同士の査読が行われる。査読者は、一つの論文に対して複数人がついて、匿名とされることが多い。知り合いが査読していることもある。

査読の結果を踏まえ、あらためて掲載の価値があるかどうかを編集者が判断する。「掲載するのに有望な候補だ」と判断されても、内容の改訂を求められることがほとんどだ。小さな改訂であればよいが、多くの場合、追加の実験を行わなければならないほどの大幅な改訂を求められる。そのようにして何度か改訂をくり返し、ゴーサインが出ると、ようやく科学誌への掲載が決まる。論文を投稿してから掲載が決まるまでには半年、長くて一年、場合によっては二年ほどを要する場合がある。

私は、ヒドラの睡眠についての研究を論文にまとめていった。まずは実験のデータをフィギュア（図）にまとめ、次にそのフィギュアの内容を説明するフィギュア・レジェンドと呼ばれる文章を作成する。それと同時に、本文を書き上げていった。これは、かなり時間のかかる作業だ。共同著者となる先生方と議論をしながら、推敲を重ねていく。論旨を支えるのに必要だが不足している情報を補うため、執筆と並行して実験も進めた。

論文の内容は、次のようなものだ。

ヒドラの行動を、「行動の静止と可逆性・反応性の低下、眠りのホメオスタシス」といった睡眠の一般的な指標に照らし合わせて解析し、睡眠状態があることを発見。遺伝子のレベルで睡眠のメカニズムに迫ろうと、断眠させたヒドラの遺伝子発現を解析して二一二個の遺伝子を特定し、それらの相同遺伝子をショウジョウバエでノックダウンすると、ショウジョウバエの睡眠の長さが変化することを実証した。これまでのショウジョウバエの研究では、睡眠に関連することが知られていなかった遺伝子も見つかったのである。さらに、哺乳類をはじめとして、他の動物で睡眠を調節する作用がある物質を培養液に添加すると、ヒドラの睡眠も影響を受けることが分かった。言わば、ヒドラの睡眠は薬理的に調節され得る。また、長い時間（一日半）にわたってヒドラを断眠させると、細胞の増殖率が低下した。ヒドラが眠る理由の一つは、体の維持や成長のためではないか——。

まとめ上げた論文は、二〇二〇年二月頃にアメリカの科学誌Scienceに投稿した。なんとか論文がうまく通りますように……。ヒドラの眠っている姿を見かけ、研究を着想してから、三年半後のことである。Science誌は一八八〇年の創刊以来、長い歴史があり、大きな影響力をもつ論文を掲載することが多い。いわゆるインパクトファクターの高い科学誌だ。残念ながら一ヵ月ほどの審査プロセスを経て掲載を却下されてしまったのだが、同系列のScience Advances誌へと回り、二度の改訂を経て、半年後の二〇二〇年八月に受理された。そして、その年の一〇月に掲載されたのだ。

「脳をもたないヒドラも眠る」、そして「ヒドラの眠りのメカニズムは、ショウジョウバエや哺乳類など他の動物と共通している」という発見は、この世の〝新しい真実〟となり、大きな反響を呼んだ。

第六章　眠りの起源は何か

私たちの本来の姿はどちらか

私たち人間は、だいたい一日のうち一六時間ほど起きていて、八時間ほどを眠って過ごしている。一日の三分の一を、眠って過ごしているのだ。起きている姿と眠っている姿——どちらも私たちの生きる姿である。はたして、〝本来の姿〟はどちらだろうか。

生物は眠っている方がデフォルトで、起きている方が特別である。

二〇二一年、ショウジョウバエの睡眠を研究するワシントン大学のポール・ショーは、Science誌の取材に対し、そう語った。彼は二〇〇〇年に、ショウジョウバエの睡眠をはじめて報告した研究者の一人だ。

私たち哺乳類だけでなく、昆虫であるショウジョウバエから線虫、そして脳をもたないクラゲやヒドラまで、皆眠る。トカゲなどの爬虫類や、ゼブラフィッシュという熱帯魚も眠ることが知られている。どうやらトカゲの睡眠やゼブラフィッシュの睡眠にも、ノンレム睡眠だけでなく、レム睡眠に近い状態があるらしい。トカゲや魚も夢をみているのだろうか。

生き物の分類は、系統樹《けいとうじゅ》として表すことができる。ある一つの共通祖先が、枝分かれしていく進化の道筋は、まるで一つの木の根元から、枝が徐々に分岐しているかのようだ。ヒドラとヒトは、約六億年前に分岐したとされている。六億年もの間、違う道を歩んできた。ヒドラが眠るとなると、ヒドラとヒトが分岐する前の共通祖先だって、眠っていたかもしれない。動物はいつから眠るようになったのか？

もしかすると、進化の道筋のどこかで睡眠が生じたわけではないかもしれない。生き物はもともと眠っていた。そして、進化の道筋のどこかで、〝起きている状態〟を進化させたのではないだろうか。ショーが言いたかったのは、そういうことだろう。

「進化」という言葉を耳にしたとき、何を思い浮かべるだろう？ 生き物は、常に進化し続けている。私たちヒトもこれまで進化し続けてきたし、いつか絶滅しないかぎり進化を続ける。しかし残念ながら、私たちは生きている間に、自分自身が進化することはない。進化することなく一生を終えるのだ。

進化するとはどういうことなのか。

生き物は、進化しているに違いない。「進化論」を提唱したのは、チャールズ・ダーウィンである。一九世紀、イギリスに生まれたダーウィンは、医師である父の影響を受け、エディンバラ大学で医学を勉強した。しかし、彼の医学への興味はしだいに薄れ、博物学に没頭していった。生きている生物だけでなく、化石にも興味をもったという。一八三一年、ダーウィンは長期の航海に同行しないかと誘われる。ビーグル号という船の探検航海に、博物学者として同行するというものだ。それを引き受けた彼は、各国を巡り、生き物たちの様子や化石を観察した。生き物好きのダーウィンにとって、心躍る体験になったに違いない。

航海を終えてイギリスに戻ったダーウィンは、生き物の進化について考えを巡らした。「神が万物を創造した」という考え方が重んじられていた時代、彼はそんな非科学的な考えに疑問を呈した。彼が航海で目にした多彩な生き物たち、さらに化石として残るかつて存在した生き物の痕跡の数々……生き物たちは、棲んでいる場所の環境に適応して生きている。その場所で生きやすいように、体の形を変化させる。生き物は、環境に適応して進化するのではないか——。

しかし生き物は、一生のうちに、環境に合わせて体の形やサイズを変えるわけではない。何が起こっているのかというと、世代を経ることで進化していくのだ。

有利な特徴をもつ（環境に適した）**個体の方が、生存して子孫を残しやすい。そして、環境に適さない個体は子孫を残すことなく絶えていく。**

これが、何世代にもわたってくり返されると、皆が有利な特徴をもつようになる。こうした進化のメカニズムを、「自然選択」と呼ぶ。まさに自然が、適している個体をふるいにかけて選択しているかのようだ。神は万物を創造しない。しかし自然は、まるで神のようにして生き物たちをふるいにかけるのだ。

眠らない動物はいるか

進化は、世代を超えて起こるゆっくりとした現象だが、とても大きな力をもっている。生きていく上で必要なものが発達し、不要なものは削ぎ落とされていく。例えば人類は、進化の過程でいつしか尻尾をもたなくなった。今の人類に残っているのは、祖先がもっていた尻尾の名残である尾てい骨だけだ。

睡眠という現象も、長い年月を経て進化してきたはずだ。しかし、よく考えるとじつに不思議だ。眠っているとき、生き物は動きを止め、反応性が鈍る。たしかに睡眠には可逆性があり、眠っていても刺激が加われば覚醒することができる。だが、起きているときに比べると反応が遅れてしまうのは明白だ。身の回りの危険に気がつくのが、遅れてしまう。うつらうつら眠っている間に、天敵に襲われるかもしれない。睡眠は、生き物にとってなんと危険な行為だろうか。

眠るとき、生き物は体を守るような姿勢をとることが多い。マウスは体を丸め込んで眠るが、それは急所であるお腹を守るためなのだろう。イヌも同じように、眠るときには体を丸めてお腹を隠すことが多い。私の愛犬のブラームスは、もともと川のほとりに捨てられていた犬だ。幼い頃、川べりで何週間か生き延びていたのだろう。そんなブラームスが家に来たばかりの頃、眠っているときにもいつも警戒していて、少しでも物音がすれば飛び上がるように目を覚まし、お腹を見せて眠ることなどなかった。しかし今となっては、野生の勘を忘れてしまったのか、お腹を上に向けて眠っていることがある。

野生の環境では、眠ることが命取りになる。もし眠らなくても平気な生き物がいたとしたら、他の生き物よりも、ぜったい有利なはずだ。自然という神のふるいに残って、選ばれるに違いない。はたしてこの世界に、眠らない生き物は存在するのだろうか——。

草食動物たちは、睡眠時間が短いことが知られている。サバンナに棲むシマウマやキリンは、一日に二〜三時間ほどの睡眠しかとらない。しかも、一回の睡眠は数分ほどの細切れであり、立ったまま眠ることも多い。その一方、それらの天敵となる肉食動物、例えばライオンは一日一〇時間以上眠るという。草食動物たちは、天敵から身を守るために、睡眠を極限まで削ってきたのだろう。だが、それでもやはり、一日数時間の睡眠は必要なようだ。天敵に襲われるかもしれないという恐怖に怯えながら、細切れの睡眠をとるのだ。

二〇一二年、Science誌に発表された研究では、アメリカウズラシギという鳥を観察し、三週間にわたって眠らない場合があることを報告している。繁殖期になると、メスを巡ってオス同士が争う。そのとき、三週間もの間ほとんど眠らずに過ごすオスがいるというのだ。そして興味深いことに、眠らずに過ごしたオスの方が有利になって、子孫を残しやすいという。眠らない方が、進化上有利になるということだろうか。

天敵から身を守るために、そして同じ種内での争いで有利になるために、睡眠を削って生きる動物たちがいる。まったく眠らなくても済む生き物はいないのだろうかと気になって調べたことがある。

じつは眠らない動物の報告が、過去に一つだけあった。それは一九六七年に発表された論文で、ウシガエルには睡眠といえる状態がないという報告だ。その論文では、ウシガエルは一日のうち、体を動かさずにじーっとしている状態がほとんどの時間を占め、刺激を加えた際の呼吸の変化を計測しても、反応性が変わることはないという。じーっとしているが起きている状態、言うなれば「警戒休息」の状態が続いていて、ウシガエルが眠ることはないだろうと結論付けた。いささか強引な解釈なように思うが、はたして本当なのだろうか。現在のところ、ウシガエルが眠らないことに言及しているのは、この報告一つだけであり、真偽は定かでない。

泳ぐ神経細胞

二〇〇八年に線虫が眠ることを報告したペンシルベニア大学のデービット・ライツェンは、カイメンやセンモウヒラムシという生き物たちが眠るのかを調べているという。カイメンとセンモウヒラムシはともに、動物に分類されるが、神経細胞をもたない生き物だ。神経細胞がなくても眠るだろうか。この種の問いは、際限なく続いていく。植物は眠るのか、細菌は眠るのか……。

例えば、こんな問いを立ててはどうだろうか？　一つの神経細胞は眠るのか——。

室蘭工業大学で生物物理学を研究する鹿毛《かげ》あずさ先生から、とてもおもしろいことを教えていただいた。ゾウリムシは、〝泳ぐ神経細胞〟だという。

神経細胞は細胞の内外で、正の電荷や負の電荷を帯びたイオン（電解質）を出し入れすることによって、細胞の電位を変化させる。いわゆる、神経の電気的活動である。じつはゾウリムシなどの単細胞生物たちも、ほとんど同じようなしくみでイオンの出し入れを行って電位を変化させている。そして、そうした電位の変化は細胞の興奮性を決定し、興奮性にもとづいて水中を泳ぐのだ。そんなゾウリムシを〝泳ぐ神経細胞〟と表現する研究者たちがいる。水中を泳ぐ神経細胞に、知性は備わっているか。そして、彼らは起きたり、眠ったりするのか？　興味深い問いだ。

ただ「一つの神経細胞が眠る」かもしれないというアイデアは、これまでの睡眠に対する考え方とは相反する側面もある。アメリカ・ウィスコンシン大学のジュリオ・トノーニは、「睡眠のシナプス恒常性仮説」と呼ばれる仮説を発表している。生き物が眠る理由をひもとくカギを、シナプスが握っているというものだ。

睡眠とシナプス

眠りの根源に迫るにあたって、この「睡眠のシナプス恒常性仮説」を深掘りしてみたいと思う。それにはまず、私たちの脳の中の配線構造、つまり神経細胞同士の接続について詳しく紹介する必要がある。

私たちの脳内には、一〇〇〇億個以上もの神経細胞があり、互いに接続して回路を形成している。それが、私たちの脳の活動のしくみだ。まるで人と人が手をつなぎ合い、一人の興奮が、手をつないでいる相手に伝わっていくかのようである。神経細胞同士が接続している部分、つまり手のつなぎ目を、「シナプス」と呼ぶ。

神経細胞同士が接続しているといっても、ほとんどの場合、神経細胞同士が融合しているわけではない。それはちょうど、手をつないでいても、体が融合してつながっているわけではなく、別々の人の手として存在しているかのようだ。シナプスで神経細胞同士が融合しているのか、それとも別個の神経細胞として隔てられているのか、かつて激しい議論があった。

神経細胞同士は融合していると唱えたカミッロ・ゴルジと、別々の神経細胞として隔てられていると考えたサンティアゴ・ラモン・イ・カハールという二人の学者の間で、大きく対立したのだ。二人が対立した一九〇〇年代、この議論の決着はつかず、一九〇六年には相反する説を唱えた二人が同時にノーベル生理学・医学賞を受賞するという〝珍事〟も起きた。論争は続いたが、電子顕微鏡という、非常に微細な構造を観察することができる技術が登場し、カハールの唱えた説が正しいことが示された。シナプスで神経細胞同士は融合しておらず、別々の細胞として隔てられていることが分かったのだ。

それでは、なぜ手をつないでいるだけで興奮が相手にも伝わるのだろう？　興奮の熱気だろうか。それとも何らかの念力とでもいうのだろうか――。

手のつなぎ目では、物質が伝達されている。神経細胞が興奮すると、シナプスで接しているもう一方の神経細胞も興奮するように、シナプスの間を物質が伝達されるのだ。ある人が興奮してシグナルを発すると、手をつないでいる相手が、それを受け取って興奮する。

伝えられる物質の種類によっては、逆に相手の興奮を鎮める場合もある。

　シナプスは手と手のつなぎ目であることは確かだが、実際脳のなかで起きていることはもっと複雑である。手のつなぎ方は一対一ではなく、一対多であり、そして多対一であるのだ。どういうことかというと、神経細胞は手をつないでいる他の多くの神経細胞に対してシグナルを発し、それと同時に多数の神経細胞からシグナルを受け取っている。

　そして重要なことに、シナプスの接続は常に変化している。接続が強くなったり、弱くなったりするのだ。そうした変化をシナプスの可塑性《かそせい》と呼ぶ。よく使われるシナプスの強度は増していき、使われないシナプスの強度は弱くなっていくのだ。こうしたシナプスの可塑性は、私たちの記憶に関わっている。経験したことを脳に記憶する。そして経験をくり返すことでできなかったことができるようになる。そんな脳の可塑性は、シナプスの可塑性によって脳の接続が更新されるからだ。

　トノーニの唱えた仮説では、シナプスのホメオスタシス（恒常性）に睡眠が関わっているとした。ホメオスタシスは、生命がある一定の状態を保とうとする性質である。生き物は定常状態から外れると、元の安定な状態に戻そうとする。エアコンが設定温度に向けて、パワーを調整しながら自動運転するかのように。睡眠という現象自体にもホメオスタシスの性質が備わっている。眠りが不足すれば、不足した分を補うように眠らせようとする力がはたらく。

ホメオスタシスの性質は、シナプスの可塑性についても当てはめて考えることができる。起きている間、私たちはさまざまな経験をして、シナプスの接続強度が強まっていく。接続が増せば、どんどん頭がよくなっていくかといえば、そうでもない。シナプスの接続を維持するにはエネルギーが必要であり、適切な接続強度がある。それが、シナプスのホメオスタシスだ。自閉症や統合失調症などの疾患では、シナプスのホメオスタシスが乱れることが知られている。

トノーニの唱えた「シナプス恒常性仮説」――それは、起きている間にシナプスの結びつきが強まり、そうやって増強された接続が眠っている間、とくにノンレム睡眠中に弱められるというものである。私たちは、神経細胞同士の接続を、ちょうどいい具合に管理するために眠っているのかもしれない。

未だ一つの仮説に過ぎないのだが、それを支持する実験結果も多い。最近になって、ゼブラフィッシュが眠っている間にも、シナプスの数が減るような変化が起きていることが分かった。さらに、睡眠のコントロールに関わることが報告されている遺伝子のいくつかは、シナプスではたらくタンパク質の設計図なのだ。実際、マウスの脳の前頭葉で人工的にシナプスの結びつきを強めると、睡眠が誘導されるという報告もある。

私たちはなぜ眠るのか？　その謎のヒントは、シナプスに隠されていそうだ。もし、ゾウリムシのように神経細胞が一つしかなかったら、やはり眠る必要はないのかもしれない。

腸が眠くなる？

睡眠は、中枢神経系である脳で起こる現象に違いない——かつてそう考えられてきたが、クラゲやヒドラの研究によって、必ずしもそうではないことが分かってきた。脳をもたない生き物にだって、起きているときと眠っているときがある。

ヒドラの体のつくりを思い出してみたい。筒状の胴体に触手をつけた体の構造をしている。胴体の部分は中が空洞になっていて、口から餌が取り込まれれば消化液を分泌する。そして、上皮細胞から栄養分を吸収するのだ。ヒドラには肛門にあたる部分はなく、口から排泄物を吐き出す。まるで、体全体が消化管のようである。ヒドラは少し前の動物の分類では、腔腸動物と呼ばれていた。

ヒドラの神経系のつくりは、私たちの体のある部分の神経系によく似ている。それは、腸管神経系だ。私たちの消化管の周りを、網目状に張り巡らしている神経系である。消化管のような体のつくりに、よく似た神経ネットワーク——ヒドラは〝腸に触手をくっつけた生き物〟と表現することができるかもしれない。であれば、こうした問いを立ててもいいかもしれない。ヒドラが眠るのならば、私たちの腸も眠るのだろうか――。

近年、脳以外の末梢組織が、睡眠を調節するしくみが分かってきた。にわかには信じ難いことだが、二〇一七年には、筋肉ではたらく時計遺伝子が睡眠を調節していることが報告された。

体内時計を動かす時計遺伝子の一つに、*Bmal1* と呼ばれるものがある。その研究では、*Bmal1* 遺伝子を失くしたマウスを用いている。いわゆるノックアウトマウスと呼ばれるものだ。*Bmal1* のノックアウトマウスでは、ノンレム睡眠の量が増えることが知られている。*Bmal1* は体のあちこちで機能しているが、はたしてどこの *Bmal1* が睡眠を調節するのだろう?

脳でのはたらきが大事なようにも思えるが、結果は予想と異なっていた。*Bmal1* のノックアウトマウス、つまり全身に *Bmal1* が存在しないマウスで、脳に *Bmal1* を補う操作をしても（生物学では脳で *Bmal1* をレスキューすると言う）、ノンレム睡眠の量は変わらなかった。その一方、なんと筋肉で *Bmal1* をレスキューすると、ノンレム睡眠の量が正常に戻ったのだ。さらに、筋肉だけで *Bmal1* をノックアウトすると、ノンレム睡眠の量が増えた。筋肉が睡眠の量を調節しているとでもいうのだろうか。

線虫においても、神経細胞ではなく末梢組織の細胞内ではたらいている分子が睡眠を制御することが示されている。睡眠は、必ずしも脳によって制御されているわけではなく、末梢組織でも調節され得る。ショウジョウバエを用いた研究では、腸から分泌されるペプチドが、末梢神経系を介して睡眠中の反応性の低下に関わっていることが明らかにされた。

腸は〝第二の脳〟と称されることがある。ヒトの腸管神経系には、約一億個もの神経細胞が存在していて、脳を介さずとも、受容した情報にもとづいて反応する。そして、ヒトがお母さんのお腹の中で成長していくとき、腸は脳よりも先に形成される。その神経系は、脳よりもずっと根源的なのだ。

魚だった私たちは眠っていたか

もし突然、「あなたは魚だったことがありますか?」と訊かれたら、からかわれていると思うかもしれない。大抵の人は、「いいえ」と答えるだろう。なかには、自らの前世は魚だと思っている人もいるかもしれないが——。

生物学のある仮説にもとづいて考えると、「前世は魚だった」というのは、的外れではない。私たちが生まれてくる前、お母さんのお腹のなかでは魚だったかもしれないのだ。まさか子宮の羊水の中で、魚のような姿で泳いでいたとでもいうのだろうか。そんなはずはあるまい。いったいどういうことなのだろう。

私たちの体は、たった一つの受精卵に由来している。筋肉や心臓も、そしてあの豆腐のような脳も——。それらは、すべて受精卵からでき上がったのだ。受精卵は一つの細胞である。女性の卵管で卵子が受精して受精卵になると、細胞分裂をくり返して成長していく。その過程を、生物学的には「発生」と呼ぶ。

一九世紀から二〇世紀にかけてドイツで活躍した、エルンスト・ヘッケルという学者がいる。大学で医学を勉強したヘッケルは、生物学者として一世を風靡《ふうび》し、晩年には哲学者としての顔も見せた。ヘッケルはダーウィンの唱えた進化論を支持し、進化の研究を発展させる。ダーウィンと同じく、ヘッケルも生き物の形に興味をもった。ヘッケルの残した図版には、クラゲやイソギンチャク、放散虫などが、精密かつ色鮮やかに描かれている。

そんなヘッケルは、生き物が発生する様子と、生物が進化する過程を重ね合わせ、ある仮説を提唱した。

個体発生は、系統発生をくり返すのではないか——。

個体発生とは、受精卵から生き物が発生していく様子である。では、系統発生とは何かというと、進化のなかで新しい形質が生まれることだ。数週間〜数ヵ月の単位で起こる個体発生と、数百万年〜数億年という長い期間を経て起こる系統発生。個体発生が系統発生のくり返しであるとはどういうことなのか。まずは、ヒトがどのような個体発生をするのかを辿ってみたい。

受精卵は、他の細胞に比べてサイズが大きく、直径が一〇〇マイクロメートル（一ミリメートルの一〇分の一）ほどで、私たちの肉眼でぎりぎり見えるくらいの大きさだ。それは

ヘッケルが描いたクラゲ
（Kunstformen der Natur, 1904）

ちょうど、単細胞生物であるゾウリムシの長径と同じくらいである。

受精卵は、細胞分裂をくり返して成長し、胚と呼ばれる状態になる。胚は子宮壁に着床して発生を続け、いつしか体の形になる。そうすると、興味深いことに魚の鰓《えら》のような構造ができるのだ。鰓は、魚が呼吸をするためにある器官である。魚は、口から水を取り込み、その中に含まれている酸素を吸収して鰓から水を排出するのだ。ただ胎児は、羊水から酸素を取り込んで、鰓呼吸をしているわけではない。

しかし、どうしたものか鰓のようなものができて、その後塞がるのだ。さらに発生が進むと手足が生えてきて、いよいよ人間らしい姿になる。しかし、なんと最初は尻尾のような構造があるのだ。その尻尾は、後に退縮していく。

ゾウリムシほどのサイズの受精卵から成長し、魚のような姿になった後、尻尾のある姿になる。そしていつしか尻尾がなくなり、私たちの姿になるのだ。それはまるで、これまで生き物が辿ってきた進化の道筋を再現しているかのようだ。生まれる前の数ヵ月で、私たちは過去何億年にものぼる進化の道筋を、早送りで駆け抜けているのかもしれない。

ヘッケルの死後、この仮説は科学的根拠に乏しいものだと批判を受けた。たしかに、単なる近似に過ぎないかもしれない。しかしながら、この仮説がときの学者たちに大きな影響をもたらしたのも事実である。

「精神分析学」を提唱したフロイトも、そのうちの一人だ。フロイトは、眠っているときにみる夢の意味を、心理学の立場から説明しようとした人物である。ヘッケルが指摘したのは発生中の体の構造に関してだが、フロイトは、人の精神にもその考え方が当てはまると言った。動物は、進化の過程で精神なるものを獲得してきた。人間は生まれた後、その道筋をくり返すように精神を発達させるのではないか――。

睡眠も、進化の過程のどこかで生じた現象だ。もし、個体発生が系統発生をくり返すのだとすると、成長に応じた睡眠の発達は、進化の道筋をなぞっているかもしれない。

生まれてきたとき、私たちはもともと眠っていたのか、それとも成長した後にいつしか眠るようになったのか。

一九六六年にスタンフォード大学のウィリアム・デメントらが発表した論文によると、生まれたばかりの新生児は睡眠時間がとても長く、一六時間以上にも及ぶという。そして興味深いことに、眠りのうちに占めるレム睡眠の割合がとても多い。レム睡眠は、鮮明な夢を伴うことの多い睡眠だ。大人の場合、レム睡眠は睡眠全体の二〇パーセントほどに過ぎないが、新生児では五〇パーセント近くにも及ぶ。そして、成長するにしたがってレム睡眠の占める割合が減っていく。総睡眠時間もしだいに減っていき、八時間程度に収束するのである。

生まれたばかりの赤ん坊が、レム睡眠を多くとるのはなぜなのか。その意味は、未だよく分かっていない。しかし少なくとも、私たちは生まれた時点で、すでにノンレム睡眠やレム睡眠、そして覚醒といった状態がある。

では、いつからそのような状態が生まれたのだろう。少なくとも、妊娠三〇週くらいの胎児は、お母さんのお腹のなかで起きたり眠ったりしているという。私たちは、いつから眠るようになったのか。それとも、もともと眠っていて「覚醒」を獲得したのか。

そこに、もう一つの「眠りの起源」がある。そしてそれは、睡眠科学という枠を飛び越え、「覚醒とは何か、意識とは何か」という新しい謎に行き着くのだろう。

第七章　眠りと意識

もう一つの眠り

二〇二〇年三月終わり、新型コロナウイルスの蔓延がはじまり、東京でロックダウンがあり得るのかと騒がれていた頃、ひとり東京駅に降り立った。いつも多くの人が行き交う丸の内駅舎は、人通りが疎《まば》らで閑散《かんさん》としている。私はそれまで住んでいた福岡から、東京へ引っ越した。東京大学の大学院に進学したためである。

ヒドラの睡眠に関する研究を一段落させ、マウスを用いた研究に乗り出そうと考えていた。九州大学で一緒に研究に取り組んだ方々からは、「せっかくヒドラの睡眠の研究を確立したのに、どうして他の研究に移ってしまうのか」と強く引き留められたのだが、私の決意は揺るがなかった。「ヒドラが眠る」という事実は、たしかにおもしろい。学術的にも重要であり、その研究を続けることも意味がある。

しかし、当時二二歳だった私は、新しい環境に身を置き、まだまだ新しいことを学ばなければならないと感じていた。刺激を受け、挑戦し続けるからこそ、思いもよらない発想が生まれ、良い発見ができる。そう信じていたのだ。

東京に越してすぐ、東京大学医学部の上田《うえだ》泰己《ひろき》先生の研究室へ向かった。彼は、体内時計の研究で一世を風靡した研究者だ。彼は現在、脳を透明化し全脳をくまなく観察する技術や、呼吸によって睡眠を判定する手法など、独自に開発した技術を駆使して、睡眠の研究を行っている。主な研究対象はマウスだ。私は上田先生と学会で知り合い、大学院では彼の研究室で研究したいと思うようになった。

初めて研究室を訪れた日、教授室で彼と話した。彼の部屋は、外からでも中の様子が見えるガラス張りのつくりになっている。大きなソファーに腰かけ、二人でこれからどんな研究をしようかと議論した。マスクをして、数メートルの距離を置いて……。三月の終わり、まだ肌寒かったが、換気のために窓を少しだけ開けた。

マウスを用いた睡眠の研究に着手したい。私はそう考えていたのだが、一方でそれだけではつまらないとも感じていた。マウスの研究は世界中で行われている。研究手法は違えど、似たような研究になりがちだ。右に倣《なら》えの研究をしているようでは、おもしろくない。私はいつも「自分がいなければ誰もやらない」研究をしてみたい、「自分こそが発見できる真実」を追い求めたいと思っている。

私は、新しくはじめる睡眠の研究に関して、いくつかのアイデアを話した。ただ、その当時は、マウスの研究の勝手がよく分からなかった。技術的に、あるいは倫理的にどんな実験なら実現可能か、そしてどれくらいの手間がかかるのか――。

彼から研究室での研究の現状について教えてもらっていると、落ち着いた声で彼はこう

東京大学本郷地区キャンパス内にある三四郎池　（筆者撮影）

言った。

「麻酔はどうでしょう？　麻酔の研究の先には、意識の解明があると思いますよ」

彼の意見に耳を傾けつつ、これから進むべき道について二人で話し込んだのだった。

彼との話を終えた私は、研究室を後にして、研究棟のすぐそばにある三四郎池のほとりを歩いてみた。池の周りは、茂みになっている。日が傾いてきて、茂みの中はやや薄暗い。私は、池のそばにある小道を歩きながら彼との議論を振り返ってみた。

睡眠と麻酔、そして意識――。

麻酔は、手術の際に患者の意識を消失させる手法だ。麻酔によって、患者は眠りに落ちる。麻酔による眠りは、「睡眠」なのだろうか？

そして彼が言った、麻酔の先にある「意識」とは何だろうか？　私たちヒトは、起きているときに意識がある。自身の主観があり、意思をもつ。でも、意識の実体は何だろう。意識をもつのはヒトだけか？　私の愛犬のブラームスに、意識はあるのか？　マウスには？　アゲハチョウやヒドラには？「意識」は、生物学で説明できることなのだろうか。

茂みの中の小道を進んでいくと、少し開けた場所に出た。池全体を広く見渡すことができる。ふと空に目をやると、綺麗な夕焼けが広がっていた。私は、これまでに知らなかった新しいフロンティアに立っている気がした。

手術と麻酔

私たちは、病気や怪我をする。たとえどんなに気をつけていても、避けられないことがある。そんなとき、私たちはもともと体に備わっている力で、回復しようと試みる。しかし、それだけでは対処しようがないとき、大きく発達させた脳を使って、その難局を打開しようと工夫する。薬を使ったり、手術を行ったりするのだ。

怪我や病気をしたときに治療を行うのは、なにもヒトだけではない。インドネシアに生息するスマトラオランウータンは、傷を負った際に、抗菌作用や抗炎症作用のある薬草を擦りつぶし、それを患部に塗って自ら手当てする。フロリダオオアリというアリの一種は、脚に傷を負った仲間がいると、その脚をかみ切って助けてあげるらしい。傷を負ったアリは、抵抗することなく、素直に脚を差し出すという。そして、患部を切り取られたアリは、生存の確率が上がる。「手術」の原型のようなものだろうか。

私たちヒトも、古くから手術を行っていた。三万年以上前の人骨にも、足の切断手術を施した痕跡が見られる。怪我を負ったり、あるいは感染症にかかったりして切断したのだろうか。切断された部分は治癒しており、切断後も生存していたと考えられるらしい。

しかしよく考えると、三万年以上も前に麻酔はあっただろうか？　もし、麻酔をかけずに足を切断されたとしたら、耐えがたい痛みでもだえ苦しんだに違いない。

一七世紀から一八世紀前半にかけて活躍したフランスのマラン・マレという作曲家は、おもしろいタイトルの作品を作曲している。「膀胱《ぼうこう》結石切開手術図」という名の作品だ。ヴィオラ・ダ・ガンバで奏でられる「膀胱結石切開手術図」は、暗く絶望に満ちた曲である。

今の時代、膀胱結石は衝撃波を当てて結石を破砕する治療法が主流だが、当時は切開して結石を取り除くことが多かったという。でも、その時代に麻酔薬は存在しなかった。患者は、ただひたすら痛みに耐えるしかなかったのだ。手術には、執刀医の他に患者が暴れないように体を抑える役割のアシスタントがいた。マレ自身が膀胱結石になって手術を受け、その際に経験した耐えがたい苦痛を、音楽として表現したのだ。まるで鋭い痛みが走っているかのように聴こえる箇所もある。

「進化論」で有名なダーウィンは学生時代、エディンバラ大学で医学を学んでいた。そんな彼は、麻酔を用いない手術に立ち会い、患者が絶叫する光景を目の当たりにして、大変なショックを受けたという。ダーウィンはその後、医学への興味を失い、大学を一度退学した。医学への興味が薄らいだのは、手術の光景にショックを受けたせいだとも言われる。

手術という行為に、麻酔は不可欠だ。患者が苦しんで体を動かすようでは、執刀医の手元が狂い、安定した手術を行うことができない。患者側からしても、体にメスを入れられ、内臓を触られる恐怖は、精神的にも耐えがたいものだ。トラウマになってしまうだろう。

麻酔というと、歯科で受ける麻酔を思い浮かべる方がいるかもしれない。あの麻酔は、多くが「局所麻酔」だ。注射した部位周辺の神経のはたらきを抑制して、痛みを感じさせないようにする、鎮痛作用をもつ薬だ。

その一方、体にメスを入れるなどといった侵襲度の高い手術を行う際には、「鎮痛」のみならず、「意識消失」や「健忘」といった要素が必要になる。患者が、「体にメスを入れられている！」と自覚することがないように……そのことを記憶することがないように……である。「鎮痛」のみならず、「意識消失」や「健忘」、さらに「不動」という要素をもたせた完全な麻酔を「全身麻酔」と呼ぶ。

全身麻酔の歴史

かつて全身麻酔の開発を試みた日本人がいた。華岡青洲《はなおかせいしゅう》という人物だ。彼は、まだ江戸時代であった一八〇四年、「通仙散《つうせんさん》」という麻酔薬を用いて患者を眠らせ、手術することに成功する。外科医だった彼は、ヨーロッパで乳ガンの摘出術が行われていることを知り、それを日本でも行おうと考えた。当時、ヨーロッパでも麻酔の技術は確立されていなかったのだが、華岡は全身麻酔の技術開発こそが手術の成功に大切だと考えたのだ。

彼が開発した麻酔薬とは、ずばり植物毒だった。植物から抽出した毒を、ちょうど良い量投与することが麻酔になると考えたのだ。中国で古くから用いられていた鎮痛剤を参考にして、チョウセンアサガオという有毒植物を主成分にしたのである。もちろん毒であるから、投与量を誤ると有害であり、死に至る可能性さえある。どのくらいの量を投与すべきか、彼は検証を重ねていった。その検証実験に参加した妻は失明し、母は亡くなってしまうという悲惨な結果を経たとも言われるが、後に「通仙散」を完成させる。それを用いて患者を眠らせ、手術を行ったのだ。

華岡は、おそらく世界で最も早くに全身麻酔を開発した人物である。しかし、現在使われている麻酔薬のルーツは、また異なっている。現代の麻酔技術の幕開けは、一八四〇年代のアメリカだった。

アメリカ・ボストンにあるマサチューセッツ総合病院。ハーバード・メディカルスクールの関連病院で、世界を代表する病院の一つだ。一八四六年一〇月一六日、そこである手術が行われた。手術室は、建物の上階に位置していたという。患者が痛がって泣き叫んでも、他の患者に聞こえないようにするためだ。その部屋で行われたのは、顎《あご》にできた腫《しゅ》瘤《りゅう》を取り除く手術だった。顎にメスを入れて、切開する。もし麻酔がなければ、患者は激痛でもだえ苦しむに違いない。

その手術室には見学席があり、多くの人が興味津々に見守っていた。なぜ、腫瘤を取り除く手術に、皆が注目していたのか？　その手術には、ある人物が立ち会っていた。ボストンで歯科医をしていたウィリアム・モートンである。彼の指示で、患者がある物質を吸入すると、患者はすぐに眠り込んだ。そのまま手術が始まり切開するが、患者は痛がる素振りを見せない。手術が終わると、患者は何事もなかったように目を覚ました。〝魔法の技術〟が誕生した瞬間だった。

そんな魔法を可能にしたのは、エーテルと呼ばれる物質だった。エーテルは、揮《き》発《はっ》性《せい》のある物質だ。モートンは、エーテルを患者に吸ってもらうための吸入器を作製して公開実験に臨み、見事全身麻酔を成功させたのだ。

公開実験の成功で、エーテルによる全身麻酔の技術は、またたく間に広まった。モートンの名声は確固たるものになったが、じつはモートンが一八四六年に公開実験を成功させる前に、エーテルの麻酔作用に気づいていた人物がいる。クロフォード・ロングというアメリカ人医師だ。彼は、モートンによる公開実験の四年も前に、全身麻酔に成功していたのだが、論文化するのが遅れた。ロングの他にも、モートンよりも前にエーテルの麻酔作用に気づいていた人物は複数いたという。

アメリカでエーテルの作用が実証された頃、イギリスでは、クロロホルムによる麻酔が確立された。ヴィクトリア女王が、クロロホルムを用いた麻酔で無痛分娩を行ったことで、世界中にその存在と効果が知れ渡ったのだ。クロロホルムもまた、揮発性の物質である。クロロホルムはよく映画やドラマなどに登場し、ハンカチに染み込ませて嗅がせ、意識を失わせるのに用いられる。ただ実際のところ、映画のように一瞬で眠りに落ちるほど、迅速な麻酔作用はない。

現在、外科手術で用いられる麻酔薬は、エーテルやクロロホルムではない。二〇世紀になって、同じく揮発性のある物質が、麻酔薬の候補として広く探索され、ハロタンやイソフルラン等の麻酔薬が見出された。その後も開発が進み、現在ではセボフルランやデスフルランという麻酔薬が、臨床で用いられている。患者に吸入してもらって麻酔を導くことから、これらの麻酔薬は「吸入麻酔薬」と呼ばれている。

その他、一九七〇年代から一九八〇年代にかけて、イギリスの化学メーカーに勤めていた獣医師のジョン・グレンらは、プロポフォールという、まったく新しい麻酔薬の開発を行った。プロポフォールは、吸入麻酔薬ではなく、注射によって静脈に投与する麻酔薬であり、最近になって使用が拡大している。

患者を眠らせて、手術を行う。意識を失った患者は、メスを入れても目を覚ますことはないし、痛みも感じない。でも、手術が終わるとまた目を覚ます——夢のような全身麻酔の技術を、この一〇〇〇年間で最大の医学的進歩と呼ぶ研究者もいる。

麻酔と睡眠

私は、実験でマウスに吸入麻酔薬を投与することがある。マウスを、実験台の上に設置した透明な箱の中に入れ、吸入麻酔薬を充満させていく。すると最初、マウスは暴れるのだが、しばらくすると大人しくなって動かなくなる。そして、みるみるうちに倒れ込み、深い呼吸をし始める。意識を失い、でも心臓は動き続け、息をしているのだ。全身麻酔の状態である。

麻酔の投与を止め、新鮮な空気を流し込むと、倒れ込んでいたマウスが息を吹き返して立ち上がろうとする。四肢を動かして懸命に立とうとするが、なかなか立つことができない。しばらくすると、体を左右に大きく揺らしながら歩き始めるのだが、姿勢が保てなくなって、また倒れ込んだりする。それでも二〇分ほど経つと、元気な姿に戻って、まるで何事もなかったかのように箱の中を走り回っている。

麻酔によってマウスが倒れ込んでいるとき、すなわち意識が消失している全身麻酔の状態――それは、はたして睡眠なのか。

全身麻酔状態のとき、脳はどんな活動をしているのだろう？　吸入麻酔薬を投与したマウスの脳波を計測すると、周波数が低く(ゆっくり)、振幅の大きい(凹凸の大きい)脳波を示す。ノンレム睡眠のときに似た脳波なのだ。だがひとたび濃度を高めると、通常の睡眠状態では観察されないバースト・サプレッションと呼ばれる脳波が出現し、最終的にはほとんど平坦な脳波となる。脳の活動が著しく抑制されるのだろう。

麻酔薬の種類によっても若干の違いがあるが、いずれの場合も、麻酔の導入時に「低周波数・高振幅」の脳波が見られるという点で、睡眠と共通性がある。ただ、睡眠とまったく相同ではないのだ。さらに、いくつかの研究報告によると、マウスに麻酔を投与して十分に眠らせたとしても、その後に眠らなくて済むわけではないという。麻酔は、睡眠の代替にならないのだ。麻酔は、睡眠と似て非なる現象と表現するのが、正しいだろう。

ただ興味深いことに、脳内で麻酔薬に影響を受けやすい神経細胞は、睡眠の調節にも関わっているという報告がある。麻酔薬は、睡眠のしくみの一部を利用することで、全身麻酔を誘導しているのかもしれない。

吸入麻酔薬はなぜ効くのか分からない

世界中では、毎年二億件以上もの手術が行われているという推計がある。しかし驚くべきことに、吸入麻酔薬が効かなかったという報告は、これまでに一例もない。吸入麻酔薬は、百パーセント必ず効く薬なのだ。

吸入麻酔薬は、どのようにして作用するのだろう？　薬であるからには、〝標的〟が存在するはずだ。薬の標的は、往々にしてタンパク質である。いかなる薬も、ある種の化学物質であり、ほとんどの場合、細胞の内外ではたらいているタンパク質に物理的に結合する。タンパク質のはたらきを変化させることで、細胞のはたらきを調節し、ひいては組織全体・体全体の変化をもたらすのだ。吸入麻酔薬は気体として吸い込まれた後、肺で血中に取り込まれて脳に達し、神経細胞のはたらきを変化させる（主には抑制する）ことで、麻酔効果を発揮すると考えられる。

まったく不思議な話なのだが、吸入麻酔薬の標的となるタンパク質は、未だよく分かっていない。一八四〇年代から約一八〇年、なぜ効くのか分からないまま使われているのである。

そんな医学の大きな謎に迫ろうと、私はこれまでに、吸入麻酔薬の標的を探索する研究を行ってきた。これまでの研究で、ある種のタンパク質が吸入麻酔薬によって活性化されることを見出している。そして、そのタンパク質の活性化が吸入麻酔薬による全身麻酔の誘導にも関連していることが明らかになってきた。

麻酔と睡眠――相同な現象ではないが、共通している部分も多い。全身麻酔は、私たちの意識を遮断することができる魔法の技術だ。吸入麻酔薬の標的が明らかになったとして、はたしてその標的がどのように意識を消失させるのか？　そもそも、麻酔によって消失する「意識」とは何か？

天才生物学者の夢

私たち人類は、古くから興味をもってきたことがある。この世の果てには何があるのか、時間とは何か、命とは何か――。そんな捉えどころのない問いを前にして、人類は科学をつくり上げた。そんな私たちにはもう一つ、ずっと追い求めてきたことがある。「私たちの意識とは何か」である。

一九五三年四月、Nature誌に発表された一本の論文が、大きな注目を集めた。遺伝子の実体であるＤＮＡが、「二重らせん構造」をとることが提唱されたのだ。遺伝情報として生命の根幹を成しているＤＮＡの構造を解き明かし、生物学にパラダイムシフトを起こした。その論文を発表したのは、フランシス・クリックとジェームズ・ワトソン。発表当時、クリックは三七歳、ワトソンは二五歳の若さだった。この功績により、九年後の一九六二年に、彼らはノーベル生理学・医学賞を受賞する。

年長だったクリックは、生物学史上の最大の偉業を成し遂げた後も、名声に浸ることなく、次なるフロンティアを開拓しようと研究に邁進《まいしん》した。クリックは、ＤＮＡの研究を行う前には、ロンドン大学で物理学を専攻していたらしい。ある日、量子力学を確立したエルヴィン・シュレーディンガーの『生命とは何か』という本に感銘を受け、生物学を志すようになる。そして生物学に転向した後、わずか六年で、あの大偉業を成し遂げたのだ。まさしく、天才である。

クリックが、ＤＮＡの構造の次に取り組んだ謎。それは意識の謎だった。意識のしくみを解明するという壮大な試みだったのだ。意識を生物学で解き明かそうとした彼は、睡眠が意識の変容だと考え、夢のしくみについても研究した。残念なことに、二〇〇四年に八八歳でこの世を去ることになる。

志半ばになってしまったクリックの果敢な挑戦——はたして、「意識」は生物学の研究対象になり得るのか？　歴史を遡ると、おそらく最も初期に睡眠を科学的に考えたアリストテレスは、次のような言葉を残している。「睡眠は、動物の保存のためのものであり、動物にとって必要なものだが、覚醒こそが究極の目的である」。睡眠について研究することとは、それ以外の起きている時間、つまり「覚醒」に目を向けることにつながる。

何が意識か

もし生物学の立場から、意識とは何かを分かりやすく表現するとしたら、次のようになるだろう。

私たちヒトが起きているときに存在し、全身麻酔や、睡眠の際に失われるもの。

ただ、この表現には、但し書きを添える必要がある。意識は必ずしも、全身麻酔や睡眠以外の状態、すなわち「覚醒」の状態に付属するわけではない。例えば、レム睡眠中には、意識がある場合もある。明晰夢は、その一例だろう。レム睡眠は、胎児や新生児のときに割合が多い。レム睡眠が、意識の原型だとする説もあるほどだ。

「意識」の実体についての考え方は、研究者によってもまちまちである。そもそも「意識」という用語が、かなり不明瞭だ。臨床医学では、「意識レベル」という言葉が用いられる。質問に正しく答えられるか、呼びかけに応答するか、あるいは痛み刺激を与えたときに反応するかによって、患者がどれくらいの「意識レベル」なのかを判断する。危険な状態に陥っているときや、全身麻酔の状態では、意識レベルが低下する。ただやはり、「意識レベル」の「意識」が何を指しているのかは、かなり曖昧だ。

生物学は、「意識」を明確に定義し、解き明かすことができるのか？　オーストラリアの哲学者であるデイヴィッド・チャーマーズは一九九〇年代、「意識のハード・プロブレム」を提起し、大きな注目を集めた。彼の言う「ハード・プロブレム」とは、簡単に言うと「脳の電気活動が、どのようにして『主観的な意識体験』を生み出すのか」という問題である。

彼は、神経科学（生物学の分野の一つ）の観点から、脳の神経活動にもとづいて意識の基盤を明らかにしようとする試みを、「意識のイージー・プロブレム」に取り組んでいるに過ぎないと言った。覚醒時には、神経細胞が活動して情報処理を行っている。そのしくみは「イージー・プロブレム」であり、それをもとにどうやって「主観的な意識体験」が生まれるのかが、「ハード・プロブレム」であるとした。たとえ生物学的観点から、脳内で起きている神経活動を完全に理解したとしても（イージー・プロブレムを解決したとしても）、意識を解明したことにはならないというのだ。

そんな指摘を受けながらも、生物学の力で意識を解明しようとする試みは続いている。二〇一二年には、クリックの名前を冠した「意識に関する第一回フランシス・クリック記念会議」が、イギリスのケンブリッジ大学で行われた。意識に関する研究を行う研究者たちが集ったこの会議では、「意識についてのケンブリッジ宣言（The Cambridge Declaration on Consciousness)」と題し、次のような宣言がなされた。

新皮質（大脳皮質のうち進化的に新しい部位で、哺乳類のみが有している）がないことにより、生物の感情状態を妨げられるとは考えられない。これまでに蓄積されてきた証拠は、ヒト以外の動物が、意図的な行動を示す能力とともに、意識状態の神経解剖学的、神経化学的、及び神経生理学的な基盤を備えていることを示している。このことは、意識の神経学的基盤を有する動物として、ヒトが特別ではないということを示している。

すべての哺乳類と鳥類、タコを含めた多くの非ヒト動物が、意識の神経基盤をもっている。

意識と睡眠の系統発生

意識とは何かを議論するとき、「どんな動物に意識があるのか」について考えてみるとおもしろい。私たちヒトに「意識」があるというのは、誰しもが納得するだろう。意識をもつからこそ、私たちは主観的経験をして、今こうして「意識とは何か？」と問うことができるのだ。

それでは、イヌやネコならどうだろう？　ヒトと同じように睡眠の状態があって、それ以外の覚醒の状態では、私たちの言葉をある程度理解し、意思をもって行動する。彼らには、意識があると考える人が多いのではないだろうか。「意識についてのケンブリッジ宣言」からしても、哺乳類全般に意識の神経基盤があることは、間違いないだろう。ただ、神経基盤があるからといって、そこに必ずしもヒトのような「主観的意識」が宿っているかは分からない。

非常に極端な例として、ヒドラに意識があるかを考えてみたい。ヒドラには、脳がない。脳がなかったら、意識はないのだろうか？　ただヒドラには、睡眠と呼べる状態があり、そのことは同時に、覚醒の状態が存在することを意味している。ヒドラにおける睡眠状態とは「行動が静止し、外部からの刺激への反応性が低下している状態」であり、眠りのホメオスタシスを満たすという特徴がある。睡眠以外の状態を覚醒状態と呼ぶとして、それが意識を伴っているかというと、高次な意識の要素（例えば、主観的な意識体験）は持ち合わせていないように思えるが、かといって意識の存在を否定することもできない。哺乳類ではないが、比較的似た脳のつくりをしている動物、例えば魚に高次な意識があるかどうかは、重要な問いかもしれない。

さらに極端な例として、〝泳ぐ神経細胞〟と称されるゾウリムシではどうだろう？　ゾウリムシは、それ自体が一つの神経細胞のように機能している。ゾウリムシの細胞の表面には、無数の繊毛《せんもう》がある（このことからゾウリムシをはじめとした単細胞生物の仲間は繊毛虫と称される）。その繊毛で、接触刺激をはじめとした外界からの刺激を受容し、細胞の興奮性が変化するのだ。そして、興奮性にもとづき、繊毛を動かして泳ぐ。つまり、外界から受容し、処理した情報に応じて、アクションを決定しているのだ。まるで何らかの意思をもっているように見えるが、意識が備わっているか否か――。

二〇一三年に発表された論文で、カリフォルニア大学のマイケル・アルキールと、ミシガン大学のジョージ・マシューールは、動物の「運動性」が、意識の根源だという仮説を紹介している。この仮説は、フランスで哲学を研究していたモーリス・メルロ＝ポンティの考えに端を発していて、運動性をもつ動物は、外部から受容した情報をもとに、次にどのような行動を示すかという判断を迫られるため、そこで意識が必要になるというのだ。

あのダーウィンも晩年、意識に興味をもった。生き物は、いつから意識をもつようになったのか——彼は、動物の「意識」が神経系の発達に応じて進化してきたのだとすれば、進化の過程のどこかに、意識が生じた起源があるはずだと言った。もっと言えば、おそらく意識をもつことが、進化の上で有利にはたらいたのだ。

いつ意識が生まれたのかという問題は、いつから動物が眠るようになったのかという問題と表裏一体である。進化の過程のどこかで、動物が運動性を獲得し、もしかするとそこで意識の原型が生まれたのかもしれない。そして、鶏が先か卵が先か、睡眠・覚醒という二つの状態が生じ、レム睡眠が発生して、意識が発達したのだ。

系統発生、個体発生と、もう一つの発生

進化の過程でいつ意識が生じたのかという系統発生、赤ん坊がいつ意識をもつようになったのかという個体発生。それだけではない。

意識の発生は、もう一つ存在する。それは、「全身麻酔からの回復」である。動物がもっ

ている「意識」は、麻酔によって強く抑制される。そのようにして抑制された意識は、麻酔の濃度が下がると、しだいに回復してくる。

全身麻酔の「導入」と「回復」は、非対称である。どういうことかというと、全身麻酔の導入から維持までの神経活動を連続的に観察すると、回復時の神経活動の変化は、導入時の逆再生ではないのだ。この違いは、単に体内の麻酔濃度の推移の違いによるものではない。回復時には、導入時とは異なる神経活動パターンが観察される。麻酔からの回復は、麻酔濃度が下がったことによる、受動的なプロセスではないのだ。

麻酔から目が覚めるとき、意識が朦朧《もうろう》とした（意識レベルが低い）状態を経て、徐々に元通りの「意識」が出現してくる。数億年の年月をかけて起こる系統発生や、数ヵ月かけて起こる個体発生と違って、分単位で意識が発生するのだ。麻酔科医でもあるジョージ・マシューールからは、麻酔からの回復が、意識の発生をリアルタイムで観察するのに良い手段だと唱えている。

二〇〇八年にアメリカのグループから発表された論文では、麻酔状態からの回復プロセスに、オレキシンが関与していることが分かった。第五章でも紹介したように、脳内のオレキシンが欠損すると、ナルコレプシーと呼ばれる睡眠発作が起こる。言い換えれば、オレキシンは、覚醒を維持するのに重要な分子だ。マウスの脳内でオレキシンをつくっている神経細胞のはたらきは、全身麻酔状態では強く抑制される。麻酔は、覚醒のシグナルを低下させるのだ。

ただ、オレキシンをつくる神経細胞を破壊しても、麻酔は通常通り作用する。麻酔の導入にはそこまで大きく関与しないのだ。その一方、オレキシンがないと、麻酔からの回復が遅れることが分かった。麻酔から目覚める際に、オレキシンが一定の役割を果たしているということだ。麻酔によって強く抑えられていたオレキシンの分泌が、麻酔の投与を止めることによって再開し、覚醒への回復を裏打ちしている。そして、おそらくは意識の出現にも関わっている。

全身麻酔は、動物の意識を完全に消失させる。意識の進化と発達を、一瞬にして巻き戻す魔法だ。そしてそれは、意識の謎を探求するための希少な手段でもある。

吸入麻酔薬が作用するのは、ヒトやマウスだけではない。鳥類に加え、魚や昆虫、線虫などありとあらゆる生物に対して作用する。ゾウリムシでさえ吸入麻酔薬に晒すと動かなくなって、外部からの刺激に反応しなくなる。興味深いことに、吸入麻酔薬は植物にだって作用する。オジギソウを麻酔薬に曝露させると、代謝が下がり、刺激に応じて葉を開閉させる反応が見られなくなる。そして麻酔の投与を止めると、再び反応性を示すようになるのだ。それを「覚醒」と呼ぶか、「意識」と呼ぶか——科学は未だ答えを出せていない。

意識の解明に向けて

一九九八年一二月二五日、二人の男がある〝賭け〟をした。「意識のハード・プロブレム」を提起した哲学者のデイヴィッド・チャーマーズと、神経科学者のクリストフ・コッホだ。コッホは一九八〇年代、神経科学の観点から意識の研究を始め、クリックの共同研究者でもあった。現在では、世界の神経科学をリードするアメリカのアレン脳科学研究所に籍を置く。

そんな二人の賭けとは、「意識を生み出す神経基盤が、二五年以内に科学の力で明らかにされるか」というものだった。コッホは「二五年後なら解明されているはずだ」、チャーマーズは「おそらく不可能だ」と言った。そして、勝者にワインを贈るという約束をしたのだった。

それから二五年経った二〇二三年六月、彼らは国際意識科学会で再会する。コッホは期限である一二月まであと半年を残しているものの、意識のしくみは解明できなかったとして負けを認め、チャーマーズにポルトガル産のワインを手渡した。チャーマーズは、「私にとっては良い賭けだったが、コッホにとっては大胆な賭けだっただろう」と言い、笑顔を見せた。賭けに負けてしまったコッホだが、それでもまだ諦めてはいない。「さらに二五年後なら、現実的だろう。二倍の賭けをしてもいい」と語った。

意識とは何か——未だ残された人類の謎である。それを生物学で解き明かすことが、クリックの夢であり、コッホの夢でもあるのだ。

夜の研究室で

私は研究に行き詰まると、夜に研究室に居残って、じっくり考えを巡らす。他に誰もいなくなり、静まりかえった研究室で、ひとりアイデアを膨らませるのだ。最新の論文を読んで、世界中で行われている研究の動向を知り、自身の研究を振り返る。まっさらな心で研究を見返してみると、新たな気づきを得たりする。

小学生のときに見つけたクロアゲハや、高校生のときに研究したプラナリア。そして、ヒドラという脳をもたない怪物。私の研究は、いつも個性豊かな生き物たちとともにあった。

生き物たちは、進化し続けている。進化の速度はとてもゆっくりだが、その時々で最大限、環境に適した生き方をしている。なにも、ヒトのように高度な知性を備えているものが、生物として優れているわけではない。私たちはただ、自らの置かれた環境に適応しているだけだ。

ヒドラは、ヒトの祖先と約六億年前に分岐した。六億年もの間、別の道を歩んできても、私たちのように眠る必要があった。脳をもたずに生きるという、まったく異なる進化の道筋を歩んでも、眠りから解放されることはなかった。

私たちヒトは、命の充実を、起きている時間に求めようとする。私たちの考える〝幸せ〟は、覚醒中に体験する出来事がほとんどだ。なりたい職業に就いて活躍したり、旅行で行きたかった場所を訪れたり、家族との大切な時間を過ごしたり、素晴らしい芸術作品を目の当たりにして感動したり――。覚醒中にどんなことを見聞し、何を感じ、何をするか。意識下の経験に、生きる意味を見出している。

しかし、覚醒することのできる時間は、人生の期限よりもっと短い。人生のうち、三分の一くらいを睡眠に割かなければならない。九〇年の命だとして、覚醒していられる時間は、六〇年くらいだ。目を覚ます生物にとって、眠ることは宿命である。ずっと目を覚ましていることなど不可能なのだ。

なぜ私たちは、起き続けることができないのか？

私たちは、起きている間に、いろいろなものが蓄積する。起きている間には、体の疲れが溜まり、脳の疲れも蓄積する。遺伝子の発現が変わり、脳のなかでシナプスが増大していく。起きている間に存在する意識は感情を伴い、それゆえ心理的ストレスが蓄積する。

睡眠とは何か——それは、起きている間に蓄積したものを解消する行為、なのだろう。

起きている間に蓄積していくもの、その実体は、未だ完全に解明されていない。だが、起きている間に積み重なっていく借金は、どこかで返済しなければならない。蓄積すれば、脳や体の活動が損なわれるばかりだ。

日本で精神疾患に罹患《りかん》し、通院や入院をしている人は、四〇〇万人以上にのぼる。およそ三〇人に一人の割合だ。生涯を通じて、約四人に一人が精神疾患に罹患する。どんなに健康な人でも風邪を引くことがあるように、誰でも心の病になり得る。

精神疾患は往々にして、睡眠の異常を伴う。睡眠は、とても分かりやすい〝心のバロメーター〟だ。日中に受けた過度なストレスによって、睡眠に影響が出る場合がある。睡眠が十分にとれないと、翌日の活動に影響が出て、悪循環に陥っていく。もし睡眠に異常を感じたなら、一歩踏みとどまって、自身の状態を確認してみるのがよい。睡眠を改善することで、日々の生活はもっと豊かになる。良い睡眠は、覚醒を充実させ、良い人生へと導いてくれるはずだ。

研究室の戸締まりをして、研究棟のエレベーターホールに来た。天井の照明は消えていて、真っ暗だ。ここには大きな窓があって、外の景色を見渡すことができる。すっかり夜が更けているというのに、遠くに見える街並みは明るい。誰もいなくなって静かな研究棟とは違って、この時間はまだ街が賑わっているのだろう。

研究棟を後にし、すぐ近くの三四郎池に歩みを進めてみた。辺りは静まり返り、虫の音だけが響きわたっている。月明かりと、所々に外灯があるのみで、池のそばの茂みは、闇に包まれている。池のほとりを歩いていき、少し開けた岩場に出てみたが、甲羅を干している亀の姿は見えなかった。

もちろん、飛んでいるアゲハチョウの姿も見えない。きっとこの時間は、葉っぱの裏に隠れて眠っているのだろう。でも、もう数時間したら、小鳥たちがさえずりはじめ、アゲハチョウも目を覚まして飛びはじめる。眠りから目覚め、意識を回復させるのだ。

さて——私も、夜が明けたら、取り組んでみたい実験のアイデアが浮かんできた。その実験が、次なる大発見につながることを願って……。

おわりに

母校の小学校と中学校で、講演を行う機会があった。久しぶりに帰省した山口の地は、今も変わらず自然が豊かだ。空気が清々しく、大きく真っ青な空が広がっている。通学路にあった木々は、当時の姿のままで、時の進みを感じさせなかった。

体育館に集まった小中学生を前に、私は睡眠の大切さと、研究の楽しさについて語った。まず、睡眠が健康に欠かせないものだということ。そして、私がどのような経緯で睡眠の研究をはじめるに至ったのか。研究することは楽しく、心躍る体験であることを話した。研究に限らず、勉強やスポーツ、趣味でも、自分が楽しいことや誇りをもてることが一つでも見つかれば、人生は楽しくなると付け加えた。

興味津々に耳を傾けてくれた小中学生の姿を見て、私は、なぜそこまで研究に熱中してきたのかを考えた。私は、ずっと生き物を研究している。思い返せば、幼稚園の頃から研究者を志していた。動物や魚、ときには恐竜まで、生き物に関することには何でも興味をもってきた。私は、生き物が好きだから研究している――。間違いではないが、それが真の理由ではないような気がしている。

私には、もっと自身のことを知りたいという思いがある。私という存在は何か？　自分自身は今、どういう状態なのか？　もし死んだら、私の存在や意識はどうなるのか？　生きているうちに、そんな漠然とした疑問に心を砕いてみたい。生き物を研究し、生命の理《ことわり》を知ることで、自身の存在について考えを巡らす。

私は、ヒドラという〝怪物〟に出会い、生き物を研究するのみならず、生き物の「状態」を研究することになった。睡眠という「状態」だ。ヒドラが眠ったり、起きたりする。脳をもたないヒドラの睡眠は、私たちヒトの睡眠と異なっている点も多い。でも、そんなヒドラの睡眠と、私たちの睡眠を比べてみることで、ヒト特有のしくみを知ることができる。物事の起源に立ち返り、じっくり立ち止まって考える機会を得るのだ。

そんな研究も、いつも順風満帆なわけではない。葛藤とともにある。ヒドラの睡眠を発見したときのように、研究は往々にして、小さな気づきから始まることが多い。しかし、本当に〝意味のある研究〟に発展するかは、後になってみないと分からないものだ。私の頭の中には、いつもアイデアがたくさんある。すべて取り組めればいいのだろうが、時間は有限だ。いま進めている方向性は、正しいのか？　他にやるべきことはないのか？　時に、これまでのアプローチの間違いに気づき、絶望したり、無力感を抱いたりする。

そんななかでも次の一手を考え、最善策を練る。自分なりの方法で新たな真実を発見しようと、歩を進めていく。その原動力になっているのは、やはり自分自身をもっと知りたいという漠然とした思いなのだろう。

講演には、小中学生のときの担任だった先生方が駆けつけてくれた。私の研究の歩みは常に、ともに研究に取り組んだ仲間や、支えていただいた方々の存在とともにあった。アゲハチョウやプラナリア、ヒドラという生物に出会い、睡眠や麻酔、さらに意識という研究対象に遭遇することができたのは、奇跡的なことのように感じている。素敵な巡り合わせに感謝するとともに、これからのさらなる出会いに期待を膨らませたい。

謝辞

アゲハチョウの研究を支えてくれた両親や祖父母、高校生のときに、プラナリアの研究を通じて研究の世界へ導いていただいた児玉伊智郎先生、さらにヒドラに出会うきっかけをいただいた小早川義尚先生、睡眠の研究に発展させる上でお世話になった伊藤太一先生、チャングハン・リム先生、大学院でご指導いただいた上田泰己先生、大出《おおで》晃士《こうじ》先生に深謝申し上げる。紙幅の都合で紹介することができなかった先生方も含め、非常に多くの方々にお世話になってきた。

本書を企画していただき、執筆にあたっても多大なアドバイスをいただいた講談社の佐藤慶一氏に、心より感謝申し上げたい。

最後に、愛犬のブラームスが二〇二四年一一月八日に急死した。本書でも紹介したように、睡眠とはどういう状態か、動物の意識とは何かを考えるにあたり、彼が大きなヒントを与えてくれたことは間違いない。彼に多大な感謝と敬意を示すとともに、もともとは河川敷に捨てられていた彼の生きた証を、本書を通じて多くの方々に知ってもらえれば、何より幸いである。

二〇二四年一一月　金谷啓之

Titos, I., A. Juginović, A. Vaccaro, K. Nambara, P. Gorelik, O. Mazor, and D. Rogulja. 2023. 'A gut-secreted peptide suppresses arousability from sleep', *Cell*, 186: 1382-97: e21.

Tobler, I. 1983. 'Effect of forced locomotion on the rest-activity cycle of the cockroach', *Behav Brain Res*, 8: 351-60.

Tononi, G., and C. Cirelli. 2003. 'Sleep and synaptic homeostasis: a hypothesis', *Brain Res Bull*, 62: 143-50.

Tononi, G., and C. Cirelli. 2006. 'Sleep function and synaptic homeostasis', *Sleep Med Rev*, 10: 49-62.

Urade, Y., and O. Hayaishi. 2011. 'Prostaglandin D_2 and sleep/wake regulation', *Sleep Med Rev*, 15: 411-8.

Weber, F., and Y. Dan. 2016. 'Circuit-based interrogation of sleep control', *Nature*, 538: 51-9.

Yokawa, K., T. Kagenishi, A. Pavlovič, S. Gall, M. Weiland, S. Mancuso, and F. Baluška. 2018. 'Anaesthetics stop diverse plant organ movements, affect endocytic vesicle recycling and ROS homeostasis, and block action potentials in Venus flytraps', *Ann Bot*, 122: 747-56.

アリストテレス『アリストテレス全集 6――霊魂論・自然学小論集・気息について』岩波書店、1968年

大隅典子『脳の誕生――発生・発達・進化の謎を解く』筑摩書房、2017年

小林里帆、粂和彦「石森國臣論文現代語訳 ～睡眠物質研究の原典～（全文）」時間生物学Vol.25 No.1、2019年

立木鷹志『夢と眠りの博物誌』青弓社、2012年

沼田英治、桃木暁子「初めて自由継続リズムを見た人、ド・メランとその時代」時間生物学Vol.28 No.1、2022年

マーク・F・ベアー、バリー・W・コノーズ、マイケル・A・パラディーソ『カラー版　神経科学　―脳の探求―〈改訂版〉』西村書店、2021年

宮内哲「Hans Bergerの夢 ―How did EEG become the EEG?― その3」臨床神経生理学44巻3号：106-14、2016年

宮内哲『脳波の発見――ハンス・ベルガーの夢』岩波書店、2020年

山下桂司『ヒドラ――怪物？植物？動物！』岩波書店、2011年

Sundaram, and A. I. Pack. 2008. 'Lethargus is a *Caenorhabditis elegans* sleep-like state', *Nature*, 451: 569-72.

Rechtschaffen, A., M. A. Gilliland, B. M. Bergmann, and J. B. Winter. 1983. 'Physiological correlates of prolonged sleep deprivation in rats', *Science*, 221: 182-4.

Roffwarg, H. P., J. N. Muzio, and W. C. Dement. 1966. 'Ontogenetic development of the human sleep-dream cycle', *Science*, 152: 604-19.

Ross, J. J. 1965. 'Neurological findings after prolonged sleep deprivation', *Arch Neurol*, 12: 399-403.

Sakurai, T., A. Amemiya, M. Ishii, I. Matsuzaki, R. M. Chemelli, H. Tanaka, S. C. Williams, J. A. Richardson, G. P. Kozlowski, S. Wilson, J. R. S. Arch, R. E. Buckingham, A. C. Haynes, S. A. Carr, R. S. Annan, D. E. McNulty, W. S. Liu, J. A. Terrett, N. A. Elshourbagy, D. J. Bergsma, and M. Yanagisawa. 1998. 'Orexins and orexin receptors: a family of hypothalamic neuropeptides and G protein-coupled receptors that regulate feeding behavior', *Cell*, 92: 573-85.

Sang, D., K. Lin, Y. Yang, G. Ran, B. Li, C. Chen, Q. Li, Y. Ma, L. Lu, X. Y. Cui, Z. Liu, S. Q. Lv, M. Luo, Q. Liu, Y. Li, and E. E. Zhang. 2023. 'Prolonged sleep deprivation induces a cytokine-storm-like syndrome in mammals', *Cell*, 186: 5500-16 e21.

Sawada, Takeshi, Yusuke Iino, Kensuke Yoshida, Hitoshi Okazaki, Shinnosuke Nomura, Chika Shimizu, Tomoki Arima, Motoki Juichi, Siqi Zhou, Nobuhiro Kurabayashi, Takeshi Sakurai, Sho Yagishita, Masashi Yanagisawa, Taro Toyoizumi, Haruo Kasai, and Shoi Shi. 2024. 'Prefrontal synaptic regulation of homeostatic sleep pressure revealed through synaptic chemogenetics', *Science*, 385: 1459-65.

Shaw, P. J., C. Cirelli, R. J. Greenspan, and G. Tononi. 2000. 'Correlates of sleep and waking in *Drosophila melanogaster*', *Science*, 287: 1834-7.

Shein-Idelson, M., J. M. Ondracek, H. P. Liaw, S. Reiter, and G. Laurent. 2016. 'Slow waves, sharp waves, ripples, and REM in sleeping dragons', *Science*, 352: 590-5.

Shi, G., L. Xing, D. Wu, B. J. Bhattacharyya, C. R. Jones, T. McMahon, S. Y. C. Chong, J. A. Chen, G. Coppola, D. Geschwind, A. Krystal, L. J. Ptáček, and Y. H. Fu. 2019. 'A rare mutation of β_1-adrenergic receptor affects sleep/wake behaviors', *Neuron*, 103: 1044-55 e7.

Suppermpool, A., D. G. Lyons, E. Broom, and J. Rihel. 2024. 'Sleep pressure modulates single-neuron synapse number in zebrafish', *Nature*, 629: 639-45.

substances in the brain', *Neurosci Res*, 6: 497-518.
Laumer, I. B., A. Rahman, T. Rahmaeti, U. Azhari, Hermansyah, S. S. U. Atmoko, and C. Schuppli. 2024. 'Active self-treatment of a facial wound with a biologically active plant by a male Sumatran orangutan', *Sci Rep*, 14: 8932.
Lenharo, M. 2023. 'Decades-long bet on consciousness ends - and it's philosopher 1, neuroscientist 0', *Nature*, 619: 14-15.
Lesku, J. A., N. C. Rattenborg, M. Valcu, A. L. Vyssotski, S. Kuhn, F. Kuemmeth, W. Heidrich, and B. Kempenaers. 2012. 'Adaptive sleep loss in polygynous pectoral sandpipers', *Science*, 337: 1654-8.
Leung, L. C., G. X. Wang, R. Madelaine, G. Skariah, K. Kawakami, K. Deisseroth, A. E. Urban, and P. Mourrain. 2019. 'Neural signatures of sleep in zebrafish', *Nature*, 571: 198-204.
Lin, L., J. Faraco, R. Li, H. Kadotani, W. Rogers, X. Lin, X. Qiu, P. J. de Jong, S. Nishino, and E. Mignot. 1999. 'The sleep disorder canine narcolepsy is caused by a mutation in the *hypocretin (orexin) receptor 2* gene', *Cell*, 98: 365-76.
Maloney, T. R., I. E. Dilkes-Hall, M. Vlok, A. A. Oktaviana, P. Setiawan, A. A. D. Priyatno, M. Ririmasse, I. M. Geria, M. A. R. Effendy, B. Istiawan, F. T. Atmoko, S. Adhityatama, I. Moffat, R. Joannes-Boyau, A. Brumm, and M. Aubert. 2022. 'Surgical amputation of a limb 31,000 years ago in Borneo', *Nature*, 609: 547-51.
Mashour, G. A. 2024. 'Anesthesia and the neurobiology of consciousness', *Neuron*, 112: 1553-67.
Mashour, G. A., and M. T. Alkire. 2013. 'Evolution of consciousness: phylogeny, ontogeny, and emergence from general anesthesia', *Proc Natl Acad Sci U S A*, 110 Suppl 2: 10357-64.
Nath, R. D., C. N. Bedbrook, M. J. Abrams, T. Basinger, J. S. Bois, D. A. Prober, P. W. Sternberg, V. Gradinaru, and L. Goentoro. 2017. 'The jellyfish *Cassiopea* exhibits a sleep-like state', *Curr Biol*, 27: 2984-90 e3.
Niwa, Y., G. N. Kanda, R. G. Yamada, S. Shi, G. A. Sunagawa, M. Ukai-Tadenuma, H. Fujishima, N. Matsumoto, K. H. Masumoto, M. Nagano, T. Kasukawa, J. Galloway, D. Perrin, Y. Shigeyoshi, H. Ukai, H. Kiyonari, K. Sumiyama, and H. R. Ueda. 2018. 'Muscarinic acetylcholine receptors *Chrm1* and *Chrm3* are essential for REM sleep', *Cell Rep*, 24: 2231-47 e7.
Pennisi, E. 2021. 'The simplest of slumbers', *Science*, 374: 526-9.
Plachetzki, D. C., C. R. Fong, and T. H. Oakley. 2012. 'Cnidocyte discharge is regulated by light and opsin-mediated phototransduction', *BMC Biol*, 10: 17.
Raizen, D. M., J. E. Zimmerman, M. H. Maycock, U. D. Ta, Y. J. You, M. V.

Daan, S., and E. Gwinner. 1998. 'Jürgen Aschoff (1913-98)', *Nature*, 396: 418.

Ehlen, J. C., A. J. Brager, J. Baggs, L. Pinckney, C. L. Gray, J. P. DeBruyne, K. A. Esser, J. S. Takahashi, and K. N. Paul. 2017. '*Bmal1* function in skeletal muscle regulates sleep', *Elife*, 6: e26557.

Frank, E. T., D. Buffat, J. Liberti, L. Aibekova, E. P. Economo, and L. Keller. 2024. 'Wound-dependent leg amputations to combat infections in an ant society', *Curr Biol*, 34: 3273-8 e3.

George, R., W. L. Haslett, and D. J. Jenden. 1964. 'A cholinergic mechanism in the brainstem reticular formation: Induction of paradoxical sleep', *Int J Neuropharmacol*, 3: 541-52.

Hendricks, J. C., S. M. Finn, K. A. Panckeri, J. Chavkin, J. A. Williams, A. Sehgal, and A. I. Pack. 2000. 'Rest in *Drosophila* is a sleep-like state', *Neuron*, 25: 129-38.

Hobson, J. A. 1967. 'Electrographic correlates of behavior in the frog with special reference to sleep', *Electroencephalogr Clin Neurophysiol*, 22: 113-21.

Kanaya, H. J., Y. Kobayakawa, and T. Q. Itoh. 2019. '*Hydra vulgaris* exhibits day-night variation in behavior and gene expression levels', *Zoological Lett*, 5: 10.

Kanaya, H. J., S. Park, J. H. Kim, J. Kusumi, S. Krenenou, E. Sawatari, A. Sato, J. Lee, H. Bang, Y. Kobayakawa, C. Lim, and T. Q. Itoh. 2020. 'A sleep-like state in *Hydra* unravels conserved sleep mechanisms during the evolutionary development of the central nervous system', *Sci Adv*, 6: eabb9415.

Kawano, T., M. Kashiwagi, M. Kanuka, C. K. Chen, S. Yasugaki, S. Hatori, S. Miyazaki, K. Tanaka, H. Fujita, T. Nakajima, M. Yanagisawa, Y. Nakagawa, and Y. Hayashi. 2023. 'ER proteostasis regulators cell-non-autonomously control sleep', *Cell Rep*, 42: 112267.

Kelz, M. B., and G. A. Mashour. 2019. 'The biology of general anesthesia from paramecium to primate', *Curr Biol*, 29: pR1199-R1210.

Kelz, M. B., Y. Sun, J. Chen, Q. Cheng Meng, J. T. Moore, S. C. Veasey, S. Dixon, M. Thornton, H. Funato, and M. Yanagisawa. 2008. 'An essential role for orexins in emergence from general anesthesia', *Proc Natl Acad Sci U S A*, 105: 1309-14.

Konopka, R. J., and S. Benzer. 1971. 'Clock mutants of *Drosophila melanogaster*', *Proc Natl Acad Sci U S A*, 68: 2112-6.

Kubota, K. 1989. 'Kuniomi Ishimori and the first discovery of sleep-inducing

参考文献

Aserinsky, E., and N. Kleitman. 1953. 'Regularly occurring periods of eye motility, and concomitant phenomena, during sleep', *Science*, 118: 273-4.

Borbély, A. 2022. 'The two-process model of sleep regulation: Beginnings and outlook', *J Sleep Res*, 31: e13598.

Borbély, A. A. 1982. 'A two process model of sleep regulation', *Hum Neurobiol*, 1: 195-204.

Brette, R. 2021. 'Integrative neuroscience of *paramecium*, a "Swimming neuron"', *eNeuro*, 8.

'The cambridge declaration on consciousness'. 2012. https://fcmconference.org/img/CambridgeDeclarationOnConsciousness.pdf

Carskadon, M. A., and R. S. Herz. 2004. 'Minimal olfactory perception during sleep: why odor alarms will not work for humans', *Sleep*, 27: 402-5.

Chapman, J. A., E. F. Kirkness, O. Simakov, S. E. Hampson, T. Mitros, T. Weinmaier, T. Rattei, P. G. Balasubramanian, J. Borman, D. Busam, K. Disbennett, C. Pfannkoch, N. Sumin, G. G. Sutton, L. D. Viswanathan, B. Walenz, D. M. Goodstein, U. Hellsten, T. Kawashima, S. E. Prochnik, N. H. Putnam, S. Shu, B. Blumberg, C. E. Dana, L. Gee, D. F. Kibler, L. Law, D. Lindgens, D. E. Martinez, J. Peng, P. A. Wigge, B. Bertulat, C. Guder, Y. Nakamura, S. Ozbek, H. Watanabe, K. Khalturin, G. Hemmrich, A. Franke, R. Augustin, S. Fraune, E. Hayakawa, S. Hayakawa, M. Hirose, J. S. Hwang, K. Ikeo, C. Nishimiya-Fujisawa, A. Ogura, T. Takahashi, P. R. H. Steinmetz, X. Zhang, R. Aufschnaiter, M. K. Eder, A. K. Gorny, W. Salvenmoser, A. M. Heimberg, B. M. Wheeler, K. J. Peterson, A. Böttger, P. Tischler, A. Wolf, T. Gojobori, K. A. Remington, R. L. Strausberg, J. C. Venter, U. Technau, B. Hobmayer, T. C. G. Bosch, T. W. Holstein, T. Fujisawa, H. R. Bode, C. N. David, D. S. Rokhsar, and R. E. Steele. 2010. 'The dynamic genome of *hydra*', *Nature*, 464: 592-6.

Chemelli, R. M., J. T. Willie, C. M. Sinton, J. K. Elmquist, T. Scammell, C. Lee, J. A. Richardson, S. C. Williams, Y. Xiong, Y. Kisanuki, T. E. Fitch, M. Nakazato, R. E. Hammer, C. B. Saper, and M. Yanagisawa. 1999. 'Narcolepsy in orexin knockout mice: molecular genetics of sleep regulation', *Cell*, 98: 437-51.

Cirelli, C., and G. Tononi. 2008. 'Is sleep essential?', *PLoS Biol*, 6: e216.

Cordeau, J. P., A. Moreau, A. Beaulnes, and C. Laurin. 1963. 'Eeg and behavioral changes following microinjections of acetylcholine and adrenaline in the brain stem of cats', *Arch Ital Biol*, 101: 30-47.

N.D.C. 460　188p　18cm
ISBN978-4-06-537796-3

講談社現代新書　2760

睡眠《すいみん》の起源《きげん》

二〇二四年一二月二〇日第一刷発行

著者　金谷啓之《かなやひろゆき》　© Hiroyuki Kanaya 2024
発行者　篠木和久
発行所　株式会社講談社
東京都文京区音羽二丁目一二—二一　郵便番号一一二—八〇〇一
電話　〇三—五三九五—三五二一　編集（現代新書）
〇三—五三九五—五八一七　販売
〇三—五三九五—三六一五　業務
装幀者　中島英樹／中島デザイン
印刷所　株式会社ＫＰＳプロダクツ
製本所　株式会社国宝社
定価はカバーに表示してあります　Printed in Japan

「講談社現代新書」の刊行にあたって

教養は万人が身をもって養い創造すべきものであって、一部の専門家の占有物として、ただ一方的に人々の手もとに配布され伝達されうるものではありません。

しかし、不幸にしてわが国の現状では、教養の重要な養いとなるべき書物は、ほとんど講壇からの天下りや単なる解説に終始し、知識技術を真剣に希求する青少年・学生・一般民衆の根本的な疑問や興味は、けっして十分に答えられ、解きほぐされ、手引きされることがありません。万人の内奥から発した真正の教養への芽ばえが、こうして放置され、むなしく滅びさる運命にゆだねられているのです。

このことは、中・高校だけで教育をおわる人々の成長をはばんでいるだけでなく、大学に進んだり、インテリと目されたりする人々の精神力の健康さえもむしばみ、わが国の文化の実質をまことに脆弱なものにしています。単なる博識以上の根強い思索力・判断力、および確かな技術にささえられた教養を必要とする日本の将来にとって、これは真剣に憂慮されなければならない事態であるといわなければなりません。

わたしたちの「講談社現代新書」は、この事態の克服を意図して計画されたものです。これによってわたしたちは、講壇からの天下りでもなく、単なる解説書でもない、もっぱら万人の魂に生ずる初発的かつ根本的な問題をとらえ、掘り起こし、手引きし、しかも最新の知識への展望を万人に確立させる書物を、新しく世の中に送り出したいと念願しています。

わたしたちは、創業以来民衆を対象とする啓蒙の仕事に専心してきた講談社にとって、これこそもっともふさわしい課題であり、伝統ある出版社としての義務でもあると考えているのです。

一九六四年四月　野間省一

自然科学・医学

1141 安楽死と尊厳死——保阪正康
1328 「複雑系」とは何か——吉永良正
1343 カンブリア紀の怪物たち サイモン・コンウェイ・モリス 松井孝典 監訳
1500 科学の現在を問う 村上陽一郎
1511 優生学と人間社会——米本昌平 松原洋子 橳島次郎 市野川容孝
1689 時間の分子生物学——粂和彦
1700 核兵器のしくみ——山田克哉
1706 新しいリハビリテーション 大川弥生
1786 数学的思考法——芳沢光雄
1805 人類進化の700万年 三井誠
1813 はじめての〈超ひも理論〉 川合光
1840 算数・数学が得意になる本 芳沢光雄
1861 〈勝負脳〉の鍛え方——林成之
1881 「生きている」を見つめる医療——中村桂子 山岸敦
1891 生物と無生物のあいだ 福岡伸一
1925 数学でつまずくのはなぜか 小島寛之
1929 脳のなかの身体——宮本省三
2000 世界は分けてもわからない 福岡伸一
2023 ロボットとは何か——石黒浩
2039 ソーシャルブレインズ入門 藤井直敬
2097 〈麻薬〉のすべて——船山信次
2122 量子力学の哲学——森田邦久
2166 化石の分子生物学——更科功
2191 DNA医学の最先端 大野典也
2204 森の力——宮脇昭
2219 宇宙はなぜこのような宇宙なのか——青木薫
2226 宇宙生物学で読み解く「人体」の不思議——吉田たかよし
2244 呼鈴の科学——吉田武
2262 生命誕生——中沢弘基
2265 SFを実現する——田中浩也
2268 生命のからくり——中屋敷均
2269 認知症を知る——飯島裕一
2292 認知症の「真実」——東田勉
2359 ウイルスは生きている 中屋敷均
2370 明日、機械がヒトになる 海猫沢めろん
2384 ゲノム編集とは何か 小林雅一
2395 不要なクスリ 無用な手術 富家孝
2434 生命に部分はない——A・キンブレル 福岡伸一 訳

知的生活のヒント

M